建筑施工特种作业人员培训教材

建 筑 电 工

建筑施工特种作业人员培训教材编委会　组织编写

中国建筑工业出版社

图书在版编目（CIP）数据

建筑电工／建筑施工特种作业人员培训教材编委会
组织编写. — 北京：中国建筑工业出版社，2020.12（2024.5重印）
建筑施工特种作业人员培训教材
ISBN 978-7-112-25592-4

Ⅰ．①建… Ⅱ．①建… Ⅲ．①建筑工程-电工技术-
技术培训-教材 Ⅳ．①TU85

中国版本图书馆 CIP 数据核字（2020）第 227249 号

本书以科学用电、安全用电为重点，针对施工现场临时用电的特
点，全面阐述了建筑施工现场临时用电的组织设计、施工、安全、管
理等。本书的主要内容包括：公共基础知识、电工基础知识、施工现
场电气安全、临时用电低压配电线路、施工现场临时用电配电系统、
建筑施工现场临时用电管理、常用电工仪表等。

本书内容通俗易懂，便于自学，可供建筑施工企业管理人员、电
气技术人员、安全员、现场电工等学习，也可作为电工作业人员安全
技术培训和企业安全培训的教材。

责任编辑：李　杰
责任校对：党　蕾

建筑施工特种作业人员培训教材
建筑电工
建筑施工特种作业人员培训教材编委会　组织编写

*

中国建筑工业出版社出版、发行（北京海淀三里河路9号）
各地新华书店、建筑书店经销
北京红光制版公司制版
建工社（河北）印刷有限公司印刷

*

开本：850毫米×1168毫米　1/32　印张：8¼　字数：219千字
2021年1月第一版　2024年5月第四次印刷
定价：**28.00**元
ISBN 978-7-112-25592-4
（36623）

建筑施工特种作业人员
培训教材编委会

主　　任：高　峰

副 主 任：王宇旻　陈海昌

委　　员：金　强　朱利闽　刘钦燕　刘　辉　马　记
　　　　　成　军　陈晓苏　姜　宁　姜　昱　徐卫星
　　　　　曹立忠　温锦明

本书编审委员会

主　　编：成　军

副 主 编：聂文宝

编写人员：李红军

　　　　　（本系列教材公共基础知识编写成员：
　　　　　金　强　朱利闽　朱　青　刘　辉）

审　　稿：李伟杰

3

前　言

　　《中华人民共和国安全生产法》规定："生产经营单位的特种作业人员必须按照国家有关规定经专门的安全作业培训，取得相应资格，方可上岗作业"。建筑施工特种作业人员是指在房屋建筑和市政工程施工活动中，从事可能对本人、他人及周围设备设施的安全造成重大危害作业的人员。作为建设行业高危工种之一，其从业直接关系建筑施工质量安全，直接关系公民生命、财产安全和公共安全。

　　为进一步紧贴建筑施工特种作业人员职业素质和适岗能力的实际需要，编写委员会组织编写了《建筑电工》《建筑架子工》《附着式升降脚手架架子工》《建筑起重信号司索工》等24个工种的系列教材。该套教材既是相关工种培训考核的指导用书，又是一线建筑施工特种作业人员的实用工具书。

　　本套教材在编写过程中，得到了江苏省相关专家和部门的大力支持，在此一并表示感谢！因编者水平有限，难免会存在疏漏和不足之处，真诚希望广大同行和读者给予批评指正。

编者

二〇一九年五月

目　　录

第一部分　公共基础知识

第一部分 公共基础知识

第一章 职业道德

第一节 道德的含义和基本内容

1. 道德的含义

道德是一种社会意识形态，是人们共同生活及其行为的准则与规范。

意识形态除了道德以外，还包括政治、法律、艺术、宗教、哲学和其他社会科学等意识形态，是对事物的理解、认知，对事物的感观思想，是观念、观点、概念、思想、价值观等要素的总和。如：对生命的认识和观点；对金钱物质的看法等。

道德往往代表着社会的正面价值取向，起到判断行为正当与否的作用。道德是以善恶为标准，通过社会舆论、内心信念和传统习惯来评价人的行为，调整人与人之间以及个人与社会之间相互关系的行动规范的总和。

2. 道德与法纪的关系

遵守道德是指按照社会道德规范行事，不做损害他人的事。遵守法纪是指遵守纪律和法律，按照规定行事，不违背纪律和法律的规定条文。法纪与道德既有区别也有联系，它们是两种重要的社会调控手段。

（1）法纪属于社会制度范畴，而道德属于社会意识形态范畴。道德侧重于自我约束，是行为主体"应当"的选择，依靠人们的内心信念、传统习惯和社会舆论发挥其作用，不具有强制力；而法纪则侧重于国家或组织的强制手段，是国家或组织制定和颁布，用以调整、约束和规范人们行为的权威性规则。

（2）遵守法纪是遵守道德的最低要求。道德一般又可分为两类：第一类是社会有序化要求的道德，是维系社会稳定所必不可少的最低限度的道德，如不得暴力伤害他人、不得用欺诈手段谋取利益、不得危害公共安全等；第二类是那些有助于提高生活质量、增进人与人之间紧密关系的原则，如博爱、无私、乐于助人、不损人利己等。第一类道德有时也会上升为法纪，通过制裁、处分或奖励的方法得以推行。而第二类道德是对人性较高要求的道德，一般不宜转化为法纪，需要通过教育、宣传和引导等手段来推行。法纪是道德的演化产物，其内容是道德范畴中最基本的要求，因此遵纪守法是遵守道德的最低要求。

（3）遵守道德是遵守法纪的坚强后盾。首先，法纪应包含最低限度的道德，没有道德基础的法纪，是无法获得人们的尊重和自觉遵守的。其次，道德对法纪的实施有保障作用，"徒善不足以为政，徒法不足以自行"，执法者职业道德的提高，守法者的法律意识、道德观念的加强，都对法纪的实施起着推动的作用。再者，道德又对法纪有补充作用，有些不宜由法纪调整的，或本应由法纪调整但因立法的滞后而尚"无法可依"的，道德约束往往就起到了必要的补充作用。

3. 公民道德的基本内容

公民道德主要包括社会公德、职业道德、家庭美德及个人品德四个方面。

（1）社会公德。社会公德是指与国家、组织、集体、民族、社会等有关的道德，社会公德是社会道德体系的社会层面，是维护社会公共生活正常进行的最基本的道德要求，是全体公民在社会交往和公共生活中应该遵循的行为准则，涵盖了人与人、人与社会、人与自然之间的关系。以文明礼貌、助人为乐、爱护公物、保护环境、遵纪守法为主要内容的社会公德，旨在鼓励人们在社会上做一个好公民。

（2）职业道德。职业道德是人们在职业生活中应当遵循的基本道德，是职业品德、职业纪律、专业能力及职业责任等的总称，它通过公约、守则等对职业生活中的某些方面加以规范。职业道德涵盖了从业人员与服务对象、职业与职工、职业与职业之间的关系；它既是对从业人员在职业活动中的行为要求，又是本行业对社会所承担的道德责任和义务。以爱岗敬业、诚实守信、办事公道、服务群众、奉献社会为主要内容的职业道德，旨在鼓励人们在工作中做一个好的建设者。

（3）家庭美德。家庭美德是调节家庭成员之间、邻里之间以及家庭与国家、社会、集体之间的行为准则，也是评价人们在恋爱、婚姻、家庭、邻里之间交往中的行为是非、善恶的标准。以尊老爱幼、男女平等、夫妻和睦、勤俭持家、邻里团结为主要内容的家庭美德，旨在鼓励人们在家庭生活里做一个好成员。

（4）个人品德。个人品德是一定社会的道德原则和规范在个人思想和行为中的体现，是一个人在其道德行为整体中所表现出来的比较稳定的、一贯的道德特点和倾向。个人品德是每个公民个人修养的体现，现代人应树立关爱、善待和宽厚的理念，对他人、对社会、对自然有关爱之心、善待之举和宽厚情怀。个人品德的内容包括很多，比如正直善良、谦虚谨慎、团结友爱、言行一致等。

社会公德、职业道德、家庭美德、个人品德这四个方面是一个有机的统一体，其外延由大到小，内涵由浅到深，共同构成一个完善的道德体系。在"四德"建设中，人的能动性及个人品德建设是至关重要的，个人品德的修养是树立道德意识、规范言行举止、建设和谐家庭、模范做好工作、维护社会和谐的基础。只有个人具备优良品德修养才能由己及人，才能由己及家庭、集体和社会。正确处理个人与社会、竞争与协作、经济效益与社会效益等关系，树立尊重人、理解人、关心人的理念，发扬社会主义人道主义精神，提倡为人民为社会多做好事、体现社会主义制度优越性、促进社会主义市场经济健康有序发展的良好道德风尚。

党的十八大对未来我国道德建设也作出了重要部署，强调依法治国和以德治国相结合，加强社会公德、职业道德、家庭美德、个人品德教育，弘扬中华传统美德，倡导时代新风，指出了道德修养的"四位一体"性。"十八大"报告中"推进公民道德建设工程，弘扬真善美、贬斥假恶丑，引导人们自觉履行法定义务、社会责任、家庭责任，营造劳动光荣、创造伟大的社会氛围，培育知荣辱、讲正气、作奉献、促和谐的良好风尚"，强调了社会氛围和社会风尚对公民道德品质的塑造；"深入开展道德领域突出问题专项教育和治理，加强政务诚信、商务诚信、社会诚信和司法公信建设"，突出了"诚信"这个道德建设的核心。

第二节　职业道德的基本特征和主要作用

1. 职业道德的概念

职业道德是指所有从业人员在职业活动中应该遵循的行为准则，是一定职业范围内的特殊道德要求，即整个社会对从业人员的职业观念、职业态度、职业技能、职业纪律和职业作风等方面的行为标准和要求。

职业道德是随着社会分工的发展，并出现相对固定的职业集团时产生的，人们的职业生活实践是职业道德产生的基础。特定的职业不但要求人们具备特定的知识和技能，而且要求人们具备特定的道德观念、情感和品质。各种职业集团，为了维护职业利益和信誉，适应社会的需要，从而在职业实践中，根据一般社会道德的基本要求，逐渐形成了职业道德规范。

职业道德是对从事这个职业所有人员的普遍要求，它不仅是所有从业人员在其职业活动中行为的具体表现，同时也是本职业对社会所负的道德责任与义务，是社会公德在职业生活中的具体化。每个从业人员，不论是从事哪种职业，在职业活动中都要遵守职业道德，如现代中国社会中教师要遵守教书育人、为人师表的职业道德，医生要遵守救死扶伤的职业道德，企业经营者要遵守诚实守信、公平竞争、合法经营的职业道德等。

具体来讲，职业道德的含义主要包括以下八个方面：

（1）职业道德是一种职业规范，普遍受社会的认可。

（2）职业道德是长期以来自然形成的。

（3）职业道德没有确定的形式，通常体现为观念、习惯、信念等。

（4）职业道德依靠文化、内心信念和习惯，通过职工的自律来实现。

（5）职业道德大多没有实质的约束力和强制力。

（6）职业道德的主要内容是对职业人员义务的要求。

（7）职业道德标准多元化，代表了不同企业可能具有不同的价值观。

（8）职业道德承载着企业文化和凝聚力，影响深远。

2. 职业道德的基本特征

职业道德是从业人员在一定的职业活动中应遵循的、具有自身职业特征的道德要求和行为规范。职业道德具有以下几个特点：

（1）普遍性。从业者应当共同遵守基本职业道德行为规范，且在全世界的所有职业者都有着基本相同的职业道德规范。

（2）行业性。职业道德具有适用范围的有限性，每种职业都担负着一定的职业责任和义务，由于各种职业的职业责任和义务不同，从而形成各自特定的职业道德的具体规范。职业道德的内容与职业实践活动紧密相连，反映着特定职业活动对从业人员行为的道德要求。

（3）继承性。职业道德具有发展的历史继承性，由于职业具有不断发展和世代延续的特征，不仅其技术世代延续，其管理员工的方法、与服务对象打交道的方式，也有一定历史继承性。在长期实践过程中形成的职业道德内容，会被作为经验和传统继承下来，如"有教无类""学而不厌，诲人不倦"，从古至今都是教师的职业道德。

（4）实践性。一个从业者的职业道德知识、情感、意志、信念、觉悟、良心等都必须通过职业的实践活动，在自己的行为中表现出来，并且接受行业职业道德的评价和自我评价。

（5）多样性。职业道德表现形式多种多样，不同的行业和不同的职业，有不同的职业道德标准，且表现形式灵活。职业道德的表现形式总是从本职业的交流活动实际出发，采用诸如制度、守则、公约、承诺、誓言、条例等形式，以至标语口号之类来加以体现，既易于为从业人员所接受和实行，而且便于形成一种职业的道德习惯。

（6）自律性。从业者通过对职业道德的学习和实践，逐渐培养成较为稳固的职业道德品质，良好的职业道德形成以后，又会在工作中逐渐形成行为上的条件反射，自觉地选择有利于社会、有利于集体的行为，这种自觉就是通过自我内心职业道德意识、觉悟、信念、意志、良心的主观约束控制来实现的。

（7）他律性。道德行为具有受舆论影响的特征，在职业生涯中，从业人员随时都受到所从事职业领域的职业道德舆论的影响。实践证明，创造良好的职业道德社会氛围、职业环境，并通过职业道德舆论的宣传、监督，可以有效地促进人们自觉遵守职业道德，并实现互相监督，共同提升道德境界。

3. 职业道德的主要作用

在现代社会里，人人都是服务对象，人人又都为他人服务。社会对人的关心、社会的安宁和人们之间关系的和谐，是同各个岗位上的服务态度、服务质量密切相关的。在构建和谐社会的新形势下，大力加强社会主义职业道德建设，具有十分重要的作用。

（1）加强职业道德是提高职业人员责任心的重要途径

职业道德要求把个人理想同各行各业、各个单位的发展目标结合起来，同个人的岗位职责结合起来，以增强员工的职业观念、职业事业心和职业责任感。职业道德要求员工在本职工作中不怕艰苦，勤奋工作，既要团结协作，又争个人贡献，既讲经济效益，又讲社会效益。加强职业道德要求紧密联系本行业本单位的实际，有针对性地解决存在的问题。

（2）加强职业道德是促进企业和谐发展的迫切要求

职业道德的基本职能是调节职能，一方面可以调节从业人员内部的关系，即运用职业道德规范约束职业内部人员的行为，促进职业内部人员的团结与合作，加强职业、行业内部人员的凝聚力；另一方面，职业道德又可以调节从业人员与服务对象之间的关系，用来塑造本职业从业人员的社会形象。

企业是具有社会性的经济组织，在企业内部存在着各种复杂的关系，这些关系既有相互协调的一面，也有矛盾冲突的一面，如果解决不好，将会影响企业的凝聚力。这就要求企业所有的员工具有较高的职业道德觉悟，从大局出发，光明磊落、相互谅解、相互宽容、相互信赖、同舟共济，而不能意气用事、互相拆台。企业内部上下级之间、部门之间、员工之间团结协作，使企业真正成为一个具有社会主义精神风貌的和谐集体。

（3）加强职业道德是提高企业竞争力的必要措施

当前市场竞争激烈，各行各业都讲经济效益，要求企业的经营者在竞争中不断开拓创新。但行业之间为了自身的利益，会产生很多新的矛盾，形成自我力量的抵消，使一些企业的经营者在竞争中单纯追求利润、产值，不求质量，或者以次充好、以假乱真，不顾社会效益，损害国家、人民和消费者的利益，企业得到的只能是短暂的收益，失去的是消费者的信任，也就失去了生存和发展的源泉，难以在竞争的激流中屹立不倒。在企业中加强职业道德使得企业在追求自身利润的同时，又能创造好的社会效益，从而提升企业形象，赢得持久而稳定的市场份额；同时，也使企业内部员工之间相互尊重、相互信任、相互合作，从而提高企业凝聚力，企业方能在竞争中稳步发展。

（4）加强职业道德是个人健康发展的基本保障

市场经济对于职业道德建设有其积极一面，也有消极的一面，它的自发性、自由性、注重经济效益的特性，导致一些人"一切向钱看"，唯利是图，不择手段追求经济效益，从而走入歧途，断送前程。提高从业人员的道德素质，树立职业理想，增强职业责任感，形成良好的职业行为，抵抗物欲诱惑，不被利欲所熏心，才能脚踏实地在本行业中追求进步。在社会主义市场经济条件下，只有具备职业道德精神的从业人员，才能在社会中站稳脚跟，成为社会的栋梁之材，在为社会创造效益的同时，也保障了自身的健康发展。

（5）加强职业道德是提高全社会道德水平的重要手段

职业道德是整个社会道德的主要内容，它一方面涉及每个从业者如何对待职业，如何对待工作，同时也是一个从业人员的生活态度、价值观念的表现，是一个人的道德意识和道德行为发展到成熟阶段的体现，具有较强的稳定性和连续性。另一方面，职业道德也是一个职业集体甚至一个行业全体人员的行为表现，如果每个行业、每个职业集体都具备优良的道德，那么对整个社会道德水平的提高就会发挥重要作用。

第三节　建设行业职业道德建设

1. 加强职业道德建设，践行社会主义核心价值观

"国无德不兴，人无德不立。"习近平总书记指出："核心价值观，其实就是一种德，既是个人的德，也是一种大德，就是国家的德、社会的德。"因此，"必须加强全社会的思想道德建设，激发人们形成善良的道德意愿、道德情感，培育正确的道德判断和道德责任，提高道德实践能力尤其是自觉践行能力，引导人们向往和追求讲道德、尊道德、守道德的生活，形成向上的力量、向善的力量。"培育社会主义核心价值观，首先要培植一种有益于国家、社会、他人的道德。

党的十八大提出，倡导富强、民主、文明、和谐，倡导自由、平等、公正、法治，倡导爱国、敬业、诚信、友善，积极培

育和践行社会主义核心价值观。富强、民主、文明、和谐是国家层面的价值目标，自由、平等、公正、法治是社会层面的价值取向，爱国、敬业、诚信、友善是公民个人层面的价值准则，"富强、民主、文明、和谐；自由、平等、公正、法治；爱国、敬业、诚信、友善"，这24个字是社会主义核心价值观的基本内容。践行社会主义核心价值观对于道德建设具有重要的指导意义，而加强道德建设又对践行社会主义核心价值观发挥着基础性作用，两者互有联系，相辅相成。

建设行业是社会主义现代化建设中的一个十分重要的行业。工厂、住宅、学校、商店、医院、体育场馆、文化娱乐设施等的建设，都离不开建设行为，它以满足人民群众日益增长的物质文化生活需要为出发点。建设行业职业道德是社会主义核心价值观、社会主义道德规范在建设行业的具体体现。

2. 结合建设行业特点和现实，加强职业道德建设

（1）职业道德建设的行业特点

以建设行业中建筑行业为例，专业多、岗位多、从业人员多且普遍文化程度较低、综合素质相对不高；条件艰苦，任务繁重，露天作业、高空作业，常年日晒雨淋，生产生活场所条件艰苦，安全设施落后和不足，作业存在安全隐患，安全事故频发；施工涉及面大，人员流动性强，四海为家，四处奔波，难以接受长期定点的培训教育；工种之间联系紧密，各专业、各工种、各岗位前后延续共同完成工程的建设；具有较强的社会性，一座建筑物凝聚了多方面的努力，体现了其社会价值和经济价值。同时，随着国民经济的发展，建筑行业地位和作用也越来越重要，行业发展关乎国计民生。因此，对从业人员开展及时的、各类形式灵活多样的教育培训，提高道德素质、文化水平、专业知识和职业技能；结合行业特点，加强团结协作教育、服务意识教育和职业道德教育，一切为了社会广大人民和子孙后代的利益，坚持社会主义、集体主义原则，严谨务实，艰苦奋斗、多出精品优质工程，体现其社会价值和经济价值尤为重要。

（2）职业道德建设的行业现实

一个建筑物的诞生或一项工程的竣工需要有良好的设计、周密的施工、合格的建筑材料和严格的检验与监督。近几年来，出现设计结构不合理，计算偏差，不考虑相关因素的情况，埋下重大隐患；施工过程中秩序混乱；建筑材料伪劣产品层出不穷；金钱、人情关系扰乱工程安全质量监督，质量安全事故屡见不鲜。作为百年大计的工程建设产品，如果质量差，损失和危害将无法估量。例如5·12汶川大地震中某些倒塌的问题房屋，杭州地铁坍塌，上海、石家庄在建楼房倒塌事件等。造成这些问题的因素很多，但是道德因素是其中最重要的因素之一。再如，面对激烈的市场竞争，一些建筑企业为了拿到工程项目，使用各种手段，其中手段之一就是盲目压价，用根本无法完成工程的价格去投标。中标后就在设计、施工、材料等方面做文章，启用非法设计人员搞黑设计；施工中偷工减料；材料上买低价伪劣产品，最终，使建筑物的"百年大计"大大打了折扣。因此，大力加强建设行业职业道德建设，营造市场经济良好环境，经济效益和社会效益并重尤为紧迫。

3. 建设行业职业道德要求

根据住房和城乡建设部发布的《建筑业从业人员职业道德规范（试行）》，对建筑从业人员共同职业道德规范要求如下：

（1）热爱事业，尽职尽责

热爱建筑事业，安心本职工作，树立职业责任感和荣誉感，发扬主人翁精神，尽职尽责，在生产中不怕苦，勤勤恳恳，努力完成任务。

（2）努力学习，苦练硬功

努力学文化，学知识，刻苦钻研技术，熟练掌握本工种的基本技能，练就一身过硬本领。努力学习和运用先进的施工方法，钻研建筑新技术、新工艺、新材料。

（3）精心施工，确保质量

树立"百年大计、质量第一"的思想，按设计图纸和技术规范精心操作，确保工程质量，用优良的成绩树立建筑工人形象。

（4）安全生产，文明施工

树立安全生产意识，严格安全操作规程，杜绝一切违章作业现象，确保安全生产无事故。维护施工现场整洁，在争创安全文明标准化现场管理中作出贡献。

（5）节约材料，降低成本

发扬勤俭节约优良传统，在操作中珍惜一砖一木，合理使用材料，认真做好落手清、现场清，及时回收材料，努力降低工程成本。

（6）遵章守纪，维护公德

要争做文明员工，模范遵守各项规章制度，发扬团结互助精神，尽力为其他工种提供方便。

4. 特种作业人员职业道德核心内容

（1）安全第一

坚持"生产必须安全，安全为了生产"的意识。严格遵守操作规程。操作人员要强化安全意识，认真执行安全生产的法律、法规、标准和规范，严格执行操作规程和程序，杜绝一切违章作业，不野蛮施工，不乱堆乱扔。

（2）诚实守信

诚实守信作为社会主义职业道德的基本规范，是和谐社会发展的必然要求，它不仅是建设领域职工安身立命的基础，也是企业赖以生存和发展的基石。操作人员要言行一致，表里如一，真实无欺，相互信任，遵守诺言，忠实地履行自己应当承担的责任和义务。

（3）爱岗敬业

爱岗就是热爱自己的工作岗位，敬业就是要用一种恭敬严肃的态度对待自己的工作。操作人员应当热爱本职工作，不怕苦、不怕累，认真负责，集中精力，精心操作，密切配合其他工种施工，确保工程质量，使工程如期完成。这是社会对每个从业者的要求，更应当是每个从业者对自己的自觉约束。

（4）钻研技术

操作人员要努力学习科学文化知识，刻苦钻研专业技术，苦练硬功，扎实工作，熟练掌握本工作的基本技能，努力学习和运用先进的施工方法，精通本岗位业务，不断提高业务能力。

（5）保护环境

文明操作，防止损坏他人和国家财产。讲究施工环境优美，做到优质、高效、低耗。做到不乱排污水，不乱倒垃圾，不影响交通，不扰民施工。

第二章 建筑施工特种作业人员和管理

第一节 建筑施工特种作业

1. 建筑施工特种作业概念

建筑施工特种作业人员是指在房屋建筑和市政工程施工活动中，从事对本人、他人的生命健康及周围设施的安全可能造成重大危害的作业人员。

特种作业有着不同的危险因素，《中华人民共和国安全生产法》规定：生产经营单位的特种作业人员必须按照国家有关规定经专门的安全作业培训，取得相应资格，方可上岗作业。

2. 建筑施工特种作业工种

（1）住房和城乡建设部《建筑施工特种作业人员管理规定》（建质〔2008〕75号）所确定的建筑施工特种作业包括：

1）建筑电工。

2）建筑架子工。

3）建筑起重信号司索工。

4）建筑起重机械司机。

5）建筑起重机械安装拆卸工。

6）高处作业吊篮安装拆卸工。

7）经省级以上人民政府建设主管部门认定的其他特种作业。

（2）《江苏省建筑施工特种作业人员管理暂行办法》（苏建管质〔2009〕5号），规定了江苏省的建筑施工特种作业包括：

1）建筑电工。

2）建筑架子工。

3）建筑起重信号司索工。

4）建筑起重机械司机。

5）建筑起重机械安装拆卸工。

6）高处作业吊篮安装拆卸工。

7）建筑焊工。

8）建筑起重机械安装质量检验工。

9）桩机操作工。

10）建筑混凝土泵操作工。

11）建筑施工现场场内机动车司机。

12）其他特种作业人员。

目前，江苏省又将"建筑施工现场场内机动车司机"细分为："建筑施工现场场内叉车司机""建筑施工现场场内装载机司机""建筑施工现场场内翻斗车司机""建筑施工现场场内推土机司机""建筑施工现场场内挖掘机司机""建筑施工现场场内压路机司机""建筑施工现场场内平地机司机""建筑施工现场场内沥青混凝土摊铺机司机"等。

第二节　建筑施工特种作业人员

按照住房和城乡建设部与江苏省建设行政主管部门的规定，从事建筑施工特种作业的人员应当取得建筑施工特种作业人员操作资格证书，方可上岗从事相应作业。

1. 年龄及身体要求

年满 18 周岁且符合相应特种作业规定的年龄要求。

近 3 个月内经二级乙等以上医院体检合格且无听觉障碍、无色盲，无妨碍从事本工种的疾病（如癫痫病、高血压、心脏病、眩晕症、精神病和突发性昏厥症等）和生理缺陷。

2. 学历要求

初中及以上学历。其中，报考建筑起重机械安装质量检测工

（塔式起重机、施工升降机）的人员，应符合下列条件之一：

（1）具有工程机械（建筑机械）类、电气类大专以上学历或工程机械（建筑机械）类、电气类、安全工程类助理工程师任职资格，并从事起重机设计、制造、安装调试、维修、操作、检验工作2年及其以上。

（2）具有工程机械（建筑机械）类、电气类中专、理工科（非起重专业）大专以上学历或工程机械（建筑机械）类、电气类、安全工程类技术员任职资格，并从事起重机设计、制造、安装调试、维修、操作、检验工作3年及其以上。

（3）具有高中学历并从事起重机设计、制造、安装调试、维修、操作、检验工作5年及其以上。

3. 考核要求

（1）报名

全省建筑施工特种作业人员考核、发证及管理系统集成在"江苏省建筑业监管信息平台2.0"上。建筑施工企业人员可由企业统一组织通过监管信息平台直接报名，非建筑施工企业人员向所在地考核基地报名，填报相应工种，经市县建设（筑）主管部门资格审查合格后，到经省建设行政主管部门认定的建筑施工特种作业考核基地，进行培训后参加考核。

凡申请考核、延期复核、换证的人员均须进行二代身份证信息和指脉信息采集。采集入库的二代身份证和指脉信息，将作为今后个人进行考核、延期复核、换证、查验的依据，如信息不吻合，将影响上述有关事项的办理。

企业可自行采集本企业申报人员二代身份证信息，指纹信息须由申报人员至考核基地进行现场采集。

（2）考核

建筑施工特种作业人员考核包括安全技术理论和安全操作技能。

考核内容分掌握、熟悉、了解三类。其中掌握即要求能运用相关特种作业知识解决实际问题；熟悉即要求能较深理解相关特种作业安全技术知识；了解即要求具有相关特种作业的基本知识。

(3) 考核办法

1) 安全技术理论考核。采用无纸化网络闭卷考试方式，考试时间为 2 小时，实行百分制，60 分为合格。其中，安全生产基本知识占 25%、专业基础知识占 25%、专业技术理论占 50%。

2) 安全操作技能考核。采用实际操作（或模拟操作）、口试等方式，考核实行百分制，70 分为合格。

3) 参考人员在安全技术理论考核合格后，方可参加实际操作技能考核。同一工种的实操考核时间不得早于理论考核时间，在实际操作技能考核合格后，可以取得相应的建筑施工特种作业人员操作资格。

4. 发证

(1) 按照住房和城乡建设部《建筑施工特种作业人员管理规定》（建质〔2008〕75 号）的规定，考核发证机关对于考核合格的，应当自考核结果公布之日起 10 个工作日内颁发资格证书。资格证书采用国务院建设主管部门统一规定的式样，由考核发证机关编号后签发。资格证书在全国通用。

(2) 江苏省建设行政主管部门从 2017 年下半年开始，试行发放"电子证书"。此项工作得到了住房和城乡建设部的同意。2017 年 10 月 18 日，江苏省政务服务管理办公室与省住房和城乡建设厅联合发文《关于启用住房城乡建设领域从业人员考核合格电子证书使用的有关通知》（省政务办发〔2017〕66 号），文件规定从 2017 年 12 月 1 日起，全面启用电子证书，停发同名纸质证书。根据《中华人民共和国电子签名法》规定，可靠的电子证书具备与同名纸质证书相同效力。省住房和城乡建设厅核发的电子证书，各地在公共资源交易、资质核准予以认可。

(3) 电子证书式样（图 2-1）

图 2-1　电子证书的样式

第三节　建筑施工特种作业人员的权利

1. 获得劳动安全卫生的保护权利

建筑施工特种作业人员有获得用人单位提供符合国家规定的劳动安全卫生条件和必要的劳动防护用品的权利；并且有要求按照规定获得职业病健康体检、职业病诊疗、康复等职业病防治服务的权利。

2. 对安全生产状况的知情、参与和建议的权利

建筑施工特种作业人员有获得所从事的特种作业，可能面临的任何潜在危险、职业危害，安全与健康可能造成的后果的知情权；有参与判别和解决所面临的劳动安全卫生问题的权利；有对

17

本单位的安全生产和劳动安全卫生工作建议的权利。

3. 接受职业技能教育培训的权利

建筑施工特种作业人员有接受职业技能教育和安全生产知识培训的权利，以获得对工作环境、生产过程、机械设备和危险物质等方面的有关安全卫生知识。

4. 拒绝违章指挥和强令冒险作业的权利

建筑施工特种作业人员在单位领导或者有关工程技术人员违章指挥，或者在明知存在危险因素而没有采取安全保护措施，强迫命令操作人员作业时，有拒绝工作的权利。

5. 危险状态下的紧急避险的权利

在生产劳动过程中，当发现危及作业人员生命安全的情况时，作业人员有权停止工作或者撤离现场。

6. 安全生产活动的监督与批评、检举、控告和申诉的权利

建筑施工特种作业人员对用人单位遵守劳动安全卫生法律法规和标准，履行保护工人安全健康的责任的情况，有监督的权利。对用人单位违反劳动安全卫生法律法规和标准，不履行其责任的情况，作业人员有批评、检举和控告的权利。在劳动保护等方面受到用人单位不公正待遇时，作业人员有向有关部门提出申诉的权利。

对作业人员的检举、控告和申诉，建设行政主管部门和其他有关部门应当查清事实，认真处理，不得压制和打击报复。

用人单位不得因作业人员对本单位安全生产工作提出批评、检举、控告或者拒绝违章指挥、强令冒险作业及向有关部门提出申诉而降低其工资、福利等待遇或者解除与其订立的劳动合同。

7. 依法获得工伤保险的权利

生产经营单位必须依法参加工伤社会保险，为从业人员缴纳保险费。建筑施工企业必须为从事危险作业的职工办理意外伤害保险，支付保险费。当作业人员发生工伤事故时，有权依法获得相关保险的权利。

第四节　建筑施工特种作业人员的义务

1. 遵守有关安全生产的法律、法规和规章的义务

建筑施工特种作业人员在施工活动中，应当遵守有关安全生产的法律、法规和规章。遵守建筑施工安全强制性标准和用人单位的规章制度，严格按照操作规程操作，做到不违规作业、不违章作业。

2. 提高职业技能和安全生产操作水平的义务

建筑施工特种作业人员面对建筑施工活动中的复杂性和多样性，要不断提高职业技能水平。在未上岗之前应参加岗前技能培训和安全生产操作能力的培训，掌握安全操作知识和技能，取得相应合格证书后方可上岗工作。已在工作岗位上的人员，还必须经常性地参加有关教育培训，熟练掌握本工种的各项安全操作技能，不断提高职业技能和安全生产操作水平。

3. 遵守劳动纪律的义务

建筑施工特种作业人员应严格遵守用人单位的劳动纪律。劳动纪律是用人单位为形成和维持生产经营秩序，保证劳动合同得以履行，要求全体员工在集体劳动、工作、生活过程中以及与劳动、工作紧密相关的其他过程中必须共同遵守的规则。

4. 发现事故隐患和其他不安全因素，立即报告的义务

建筑施工特种作业人员在施工现场直接承担具体的作业活动，更容易发现事故隐患或者其他不安全因素，一旦发现事故隐患或者其他不安全因素，作业人员应当立即向现场安全生产管理人员或者本单位负责人报告，不得隐瞒不报或者拖延报告。如果作业人员发现所报告的事故隐患或者其他不安全因素得不到解决，作业人员也可以越级上报。

5. 完成生产任务的义务

建筑施工特种作业人员完成合理的生产任务是应尽的义务，也是取得劳动报酬的基本条件。作业人员在完成合理生产任务的前提下，还应该保证质量，争做生产劳动的积极分子，为企业经济效益、为社会财富的积累、为国家的发展作出自己应有的贡献。

第五节　建筑施工特种作业人员的管理

根据住房和城乡建设部的规定，省、自治区、直辖市人民政府建设主管部门或者其委托的考核机构负责本行政区域内建筑施工特种作业人员的考核工作。

1. 建设行政主管部门的管理职责

（1）省建设行政主管部门的管理职责

1）负责全省范围内建筑施工特种作业人员的考核监督管理工作。

2）研究制定特种作业人员执业资格考核标准、考核大纲，建立相应工种的试题库。

3）认证特种作业人员执业资格考核基地。

4）负责特种作业人员执业资格考核工作的师资教育培训，监督管理考核考务工作。

5）负责特种作业人员执业证书的颁发和管理。

6）负责特种作业人员统计信息工作。

7）其他监督管理工作。

（2）受委托的市、县建设（筑）行政主管部门的管理职责

1）负责本行政区域内特种作业人员的监督管理工作，制定本地区特种作业人员考核发证管理制度，建立本地区特种作业人员档案。

2）负责考核基地的初审和考评人员的日常管理。

3）负责特种作业人员考核工作的组织实施。

4）负责特种作业人员考核、延期复核、换证的市、县分级审核。

5）负责特种作业人员执业继续教育。

6）负责特种作业人员的统计信息工作。

7）监督检查特种作业人员的从业活动，查处违章行为并记录在档。

8）其他监督管理工作。

2. 用人单位的管理职责

（1）用人单位对于首次取得执业资格证书的人员，应当在其正式上岗前安排不少于3个月的实习操作。实习操作期间，用人单位应当指定专人指导和监督作业。实习操作期满经用人单位考核合格方可独立作业（所指定的专人应当从已取得相应特种作业资格证书、从事相关工作3年以上、无不良记录的熟练工中选取）。

（2）与持有效执业资格证书的特种作业人员订立劳动合同。

（3）制定并落实本单位特种作业安全操作规程和安全管理制度。

（4）书面告知特种作业人员违章操作的危害。

（5）向特种作业人员提供齐全、合格的安全防护用品和安全的作业条件。

（6）组织或者委托有能力的培训机构对本单位特种作业人员进行年度安全生产教育培训或者继续教育，时间不少于24小时。

（7）建立本单位特种作业人员管理档案。

（8）查处特种作业人员违章行为并记录在档。

（9）法律法规及有关规定明确的其他职责。

3. 特种作业人员应履行的职责

（1）严格遵守国家有关安全生产规定和本单位的规章制度，按照安全技术标准、规范和规程进行作业。

（2）正确佩戴和使用安全防护用品，并按规定对作业工具和设备进行维护保养。

（3）在施工中发生危及人身安全的紧急情况时，有权立即停止作业或者撤离危险区域，并向施工现场专职安全生产管理人员和项目负责人报告。

（4）自觉参加年度安全教育培训或者继续教育，每年不得少于 24 小时。

（5）拒绝违章指挥，并制止他人违章作业。

（6）法律法规及有关规定明确的其他职责。

4. 特种作业人员资格证书的延期

建筑施工特种作业人员执业资格证书有效期为 2 年。有效期满需要延期的，持证人员本人应当在期满前 3 个月内，向原市县考核受理机关提出申请，市县建设行政主管部门初审后，向省建设行政主管部门申请办理延期复核相关手续。延期复核合格的，证书有效期延期 2 年。

（1）特种作业人员申请资格证书延期复核，应当提交下列材料：

1）延期复核申请表。

2）身份证（原件和复印件）。

3）近 3 个月内由二级乙等以上医院出具的体检合格证明。

4）年度安全教育培训证明和继续教育证明。

5）用人单位出具的特种作业人员管理档案记录。

6）规定提交的其他资料。

（2）特种作业人员在资格证书有效期内，有下列情形之一的，延期复核结果为不合格：

1）超过相关工种规定年龄要求的。

2）身体健康状况不再适应相应特种作业岗位的。

3）对生产安全事故负有直接责任的。

4）2 年内违章操作记录达 3 次（含 3 次）以上的。

5）未按规定参加年度安全教育培训或者继续教育的。

6）规定的其他情形。

（3）市县建设（筑）行政主管部门在接到特种作业人员提交的延期复核申请后，应当根据下列情况分别作出处理：

1）对于不符合延期复核申请相关情形的，市县建设（筑）主管部门自收到延期复核资料之日起 5 个工作日内作出不予延期决定，并说明理由。

2）对于提交资料齐全且符合延期复审申请相关情形的，省建设行政主管部门自收到市县建设（筑）行政主管部门延期复核相关手续之日起 10 个工作日内办理准予延期复核手续。

（4）省建设行政主管部门应当在资格证书有效期满前按相关规定作出决定，逾期未作出决定的，视为延期复核合格。

5. 特种作业人员资格证书的撤销与注销

（1）省建设行政主管部门对有下列情形之一的，应当撤销资格证书

1）持证人弄虚作假骗取资格证书或者办理延期手续的。

2）工作人员违法核发资格证书的。

3）持证人员因安全生产责任事故承担刑事责任的。

4）规定应当撤销的其他情形。

（2）省建设主管部门对有下列情形之一的，应当注销资格证书

1）按规定不予延期的。

2）持证人逾期未申请办理延期复核手续的。

3）持证人死亡或者不具有完全民事行为能力的。

4）本人提出要求的。

5）规定应当注销的其他情形。

6. 特种作业人员管理的其他要求

（1）持有特种作业资格证书的执业人员，应当受聘于建筑施工企业或者建筑起重机械出租单位（以下简称用人单位），方可从事相应的特种作业。

（2）任何单位和个人不得非法涂改、倒卖、出租、出借或者以其他形式转让资格证书。

（3）特种作业人员变动工作单位，任何单位和个人不得以任何理由非法扣押其执业资格证书。

（4）各地应当建立举报制度，公开举报电话或者电子信箱，受理有关特种作业人员考核、发证以及延期复核的举报。对受理的举报，有关机关和工作人员应当及时妥善处理。

第三章　建筑施工安全生产相关
法规及管理制度

第一节　建筑安全生产相关法律主要内容

《中华人民共和国宪法》规定：国家通过各种途径，创造劳动就业条件，加强劳动保护，改善劳动条件，并在发展生产的基础上，提高劳动报酬和福利待遇。

劳动是一切有劳动能力的公民的光荣职责。国有企业和城乡集体经济组织的劳动者都应当以国家主人翁的态度对待自己的劳动。国家提倡社会主义劳动竞赛，奖励劳动模范和先进工作者。

1.《中华人民共和国建筑法》相关内容

（1）建筑活动应当确保建筑工程质量和安全，符合国家的建筑工程安全标准。

（2）从事建筑活动应当遵守法律、法规，不得损害社会公共利益和他人的合法权益。

（3）建筑工程安全生产管理必须坚持安全第一、预防为主的方针，建立健全安全生产的责任制度和群防群治制度。

（4）建筑施工企业应当在施工现场采取维护安全、防范危险、预防火灾等措施；有条件的，应当对施工现场实行封闭管理。

施工现场对毗邻的建筑物、构筑物和特殊作业环境可能造成损害的，建筑施工企业应当采取安全防护措施。

（5）建筑施工企业应当遵守有关环境保护和安全生产的法律、法规的规定，采取控制和处理施工现场的各种粉尘、废气、废水、固体废物以及噪声、振动对环境的污染和危害的措施。

（6）建筑施工企业必须依法加强对建筑安全生产的管理，执行安全生产责任制度，采取有效措施，防止伤亡和其他安全生产事故的发生。

建筑施工企业的法定代表人对本企业的安全生产负责。

（7）施工现场安全由建筑施工企业负责。实行施工总承包的，由总承包单位负责。分包单位向总承包单位负责，服从总承包单位对施工现场的安全生产管理。

（8）建筑施工企业应当建立健全劳动安全生产教育培训制度，加强对职工安全生产的教育培训；未经安全生产教育培训的人员，不得上岗作业。

（9）建筑施工企业和作业人员在施工过程中，应当遵守有关安全生产的法律、法规和建筑行业安全规章、规程，不得违章指挥或者违章作业。作业人员有权对影响人身健康的作业程序和作业条件提出改进意见，有权获得安全生产所需的防护用品。作业人员对危及生命安全和人身健康的行为有权提出批评、检举和控告。

（10）建筑施工企业必须为从事危险作业的职工办理意外伤害保险，支付保险费。

（11）施工中发生事故时，建筑施工企业应当采取紧急措施减少人员伤亡和事故损失，并按照国家有关规定及时向有关部门报告。

2. 《中华人民共和国安全生产法》相关内容

（1）生产经营单位必须遵守本法和其他有关安全生产的法律、法规，加强安全生产管理，建立、健全安全生产责任制和安全生产规章制度，改善安全生产条件，推进安全生产标准化建设，提高安全生产水平，确保安全生产。

（2）有关协会组织依照法律、行政法规和章程，为生产经营单位提供安全生产方面的信息、培训等服务，发挥自律作用，促进生产经营单位加强安全生产管理。

（3）国家实行生产安全事故责任追究制度，依照本法和有关法律、法规的规定，追究生产安全事故责任人员的法律责任。

（4）生产经营单位应当对从业人员进行安全生产教育和培训，保证从业人员具备必要的安全生产知识，熟悉有关的安全生产规章制度和安全操作规程，掌握本岗位的安全操作技能，了解事故应急处理措施，知悉自身在安全生产方面的权利和义务。未经安全生产教育和培训合格的从业人员，不得上岗作业。

（5）生产经营单位的特种作业人员必须按照国家有关规定经专门的安全作业培训，取得相应资格，方可上岗作业。

（6）生产经营单位应当建立健全生产安全事故隐患排查治理制度，采取技术、管理措施，及时发现并消除事故隐患。事故隐患排查治理情况应当如实记录，并向从业人员通报。

（7）承担安全评价、认证、检测、检验的机构应当具备国家规定的资质条件，并对其作出的安全评价、认证、检测、检验的结果负责。

（8）负有安全生产监督管理职责的部门应当建立举报制度，公开举报电话、信箱或者电子邮件地址，受理有关安全生产的举报；受理的举报事项经调查核实后，应当形成书面材料；需要落实整改措施的，报经有关负责人签字并督促落实。

（9）任何单位或者个人对事故隐患或者安全生产违法行为，均有权向负有安全生产监督管理职责的部门报告或者举报。

（10）新闻、出版、广播、电影、电视等单位有进行安全生产宣传教育的义务，有对违反安全生产法律、法规的行为进行舆论监督的权利。

3.《中华人民共和国特种设备安全法》相关内容

（1）特种设备生产、经营、使用单位应当遵守本法和其他有关法律、法规，建立、健全特种设备安全和节能责任制度，加强特种设备安全和节能管理，确保特种设备生产、经营、使用安全，符合节能要求。

（2）任何单位和个人有权向负责特种设备安全监督管理的部门和有关部门举报涉及特种设备安全的违法行为，接到举报的部门应当及时处理。

（3）特种设备生产、经营、使用单位及其主要负责人对其生产、经营、使用的特种设备安全负责。

特种设备生产、经营、使用单位应当按照国家有关规定配备特种设备安全管理人员、检测人员和作业人员，并对其进行必要的安全教育和技能培训。

（4）特种设备安全管理人员、检测人员和作业人员应当按照国家有关规定取得相应资格，方可从事相关工作。特种设备安全管理人员、检测人员和作业人员应当严格执行安全技术规范和管理制度，保证特种设备安全。

（5）特种设备使用单位应当建立岗位责任、隐患治理、应急救援等安全管理制度，制定操作规程，保证特种设备安全运行。

（6）特种设备使用单位应当建立特种设备安全技术档案。

安全技术档案应当包括以下内容：

1）特种设备的设计文件、产品质量合格证明、安装及使用维护保养说明、监督检验证明等相关技术资料和文件。

2）特种设备的定期检验和定期自行检查记录。

3）特种设备的日常使用状况记录。

4）特种设备及其附属仪器仪表的维护保养记录。

5）特种设备的运行故障和事故记录。

（7）特种设备的使用应当具有规定的安全距离、安全防护措施。

（8）特种设备使用单位应当对其使用的特种设备进行经常性维护保养和定期自行检查，并做出记录。

特种设备使用单位应当对其使用的特种设备的安全附件、安全保护装置进行定期校验、检修，并做出记录。

（9）特种设备使用单位应当按照安全技术规范的要求，在检验合格有效期届满前一个月向特种设备检验机构提出定期检验要求。

特种设备检验机构接到定期检验要求后，应当按照安全技术规范的要求及时进行安全性能检验。特种设备使用单位应当将定期检验标志置于该特种设备的显著位置。

未经定期检验或者检验不合格的特种设备,不得继续使用。

(10) 特种设备安全管理人员应当对特种设备使用状况进行经常性检查,发现问题应当立即处理;情况紧急时,可以决定停止使用特种设备并及时报告本单位有关负责人。

特种设备作业人员在作业过程中发现事故隐患或者其他不安全因素,应当立即向特种设备安全管理人员和单位有关负责人报告;特种设备运行不正常时,特种设备作业人员应当按照操作规程采取有效措施保证安全。

(11) 特种设备出现故障或者发生异常情况,特种设备使用单位应当对其进行全面检查,消除事故隐患,方可继续使用。

(12) 负责特种设备安全监督管理的部门在依法履行监督检查职责时,可以行使下列职权:

1) 进入现场进行检查,向特种设备生产、经营、使用单位和检验、检测机构的主要负责人和其他有关人员调查、了解有关情况。

2) 根据举报或者取得的涉嫌违法证据,查阅、复制特种设备生产、经营、使用单位和检验、检测机构的有关合同、发票、账簿以及其他有关资料。

3) 对有证据表明不符合安全技术规范要求或者存在严重事故隐患的特种设备实施查封、扣押。

4) 对流入市场的达到报废条件或者已经报废的特种设备实施查封、扣押。

5) 对违反本法规定的行为作出行政处罚决定。

(13) 特种设备使用单位应当制定特种设备事故应急专项预案,并定期进行应急演练。

(14) 特种设备发生事故后,事故发生单位应当按照应急预案采取措施,组织抢救,防止事故扩大,减少人员伤亡和财产损失,保护事故现场和有关证据,并及时向事故发生地县级以上人民政府负责特种设备安全监督管理的部门和有关部门报告。

与事故相关的单位和人员不得迟报、谎报或者瞒报事故情况，不得隐匿、毁灭有关证据或者故意破坏事故现场。

4.《中华人民共和国劳动合同法》相关内容

（1）用人单位自用工之日起即与劳动者建立劳动关系。用人单位应当建立职工名册备查。

（2）用人单位招用劳动者时，应当如实告知劳动者工作内容、工作条件、工作地点、职业危害、安全生产状况、劳动报酬，以及劳动者要求了解的其他情况；用人单位有权了解劳动者与劳动合同直接相关的基本情况，劳动者应当如实说明。

（3）用人单位招用劳动者，不得扣押劳动者的居民身份证和其他证件，不得要求劳动者提供担保或者以其他名义向劳动者收取财物。

（4）建立劳动关系，应当订立书面劳动合同。

已建立劳动关系，未同时订立书面劳动合同的，应当自用工之日起一个月内订立书面劳动合同。

用人单位与劳动者在用工前订立劳动合同的，劳动关系自用工之日起建立。

（5）劳动合同无效或者部分无效的情形：

1）以欺诈、胁迫的手段或者乘人之危，使对方在违背真实意思的情况下订立或者变更劳动合同的。

2）用人单位免除自己的法定责任、排除劳动者权利的。

3）违反法律、行政法规强制性规定的。

对劳动合同的无效或者部分无效有争议的，由劳动争议仲裁机构或者人民法院确认。

（6）用人单位应当按照劳动合同约定和国家规定，向劳动者及时足额支付劳动报酬。

用人单位拖欠或者未足额支付劳动报酬的，劳动者可以依法向当地人民法院申请支付令，人民法院应当依法发出支付令。

（7）用人单位应当严格执行劳动定额标准，不得强迫或者变相强迫劳动者加班。用人单位安排加班的，应当按照国家有关规定向劳动者支付加班费。

（8）劳动者拒绝用人单位管理人员违章指挥、强令冒险作业的，不视为违反劳动合同。

劳动者对危害生命安全和身体健康的劳动条件，有权对用人单位提出批评、检举和控告。

5.《中华人民共和国刑法》相关内容

（1）【重大责任事故罪】在生产、作业中违反有关安全管理的规定，因而发生重大伤亡事故或者造成其他严重后果的，处三年以下有期徒刑或者拘役；情节特别恶劣的，处三年以上七年以下有期徒刑。

（2）【强令违章冒险作业罪】强令他人违章冒险作业，因而发生重大伤亡事故或者造成其他严重后果的，处五年以下有期徒刑或者拘役；情节特别恶劣的，处五年以上有期徒刑。

（3）【重大劳动安全事故罪】安全生产设施或者安全生产条件不符合国家规定，因而发生重大伤亡事故或者造成其他严重后果的，对直接负责的主管人员和其他直接责任人员，处三年以下有期徒刑或者拘役；情节特别恶劣的，处三年以上七年以下有期徒刑。

（4）【工程重大安全事故罪】建设单位、设计单位、施工单位、工程监理单位违反国家规定，降低工程质量标准，造成重大安全事故的，对直接责任人员，处五年以下有期徒刑或者拘役，并处罚金；后果特别严重的，处五年以上十年以下有期徒刑，并处罚金。

（5）【消防责任事故罪】违反消防管理法规，经消防监督机构通知采取改正措施而拒绝执行，造成严重后果的，对直接责任人员，处三年以下有期徒刑或者拘役；后果特别严重的，处三年以上七年以下有期徒刑。

（6）【不报、谎报安全事故罪】在安全事故发生后，负有报告职责的人员不报或者谎报事故情况，贻误事故抢救，情节严重的，处三年以下有期徒刑或者拘役；情节特别严重的，处三年以上七年以下有期徒刑。

第二节　建筑安全生产相关法规主要内容

1.《建设工程安全生产管理条例》

该条例规定了施工单位的相关安全责任，包括：依法取得资质和承揽工程；建立健全安全生产制度和操作规程；保证本单位安全生产条件所需资金的投入；设立安全生产管理机构，配备专职安全生产管理人员；总承包单位对施工现场的安全生产负总责；总承包单位和分包单位对分包工程的安全生产承担连带责任；特种作业人员必须按照国家有关规定经过专门的安全作业培训，并取得特种作业操作资格证书；施工单位的施工组织设计及专项施工方案管理责任；建设工程施工安全技术交底责任；施工现场、办公、生活区安全文明管理责任；相邻建筑物及环保管理责任；施工现场防火管理责任；施工作业人员安全防护及劳保管理责任；施工机械管理责任；施工单位的主要负责人、项目负责人、专职安全生产管理人员任职管理责任；施工单位对管理人员和作业人员的安全生产教育培训管理责任；施工单位应当为施工现场从事危险作业的人员办理意外伤害保险等相关安全责任。

相关内容：

（1）垂直运输机械作业人员、安装拆卸工、爆破作业人员、起重信号工、登高架设作业人员等特种作业人员，必须按照国家有关规定经过专门的安全作业培训，并取得特种作业操作资格证书后，方可上岗作业。

（2）施工单位应当在施工现场入口处、施工起重机械、临时用电设施、脚手架、出入通道口、楼梯口、电梯井口、孔洞口、桥梁口、隧道口、基坑边沿、爆破物及有害危险气体和液体存放处等危险部位，设置明显的安全警示标志。安全警示标志必须符合国家标准。

施工单位应当根据不同施工阶段和周围环境及季节、气候的变化，在施工现场采取相应的安全施工措施。施工现场暂时停止施工的，施工单位应当做好现场防护，所需费用由责任方承担，或者按照合同约定执行。

（3）施工单位应当向作业人员提供安全防护用具和安全防护服装，并书面告知危险岗位的操作规程和违章操作的危害。

作业人员有权对施工现场的作业条件、作业程序和作业方式中存在的安全问题提出批评、检举和控告，有权拒绝违章指挥和强令冒险作业。

在施工中发生危及人身安全的紧急情况时，作业人员有权立即停止作业或者在采取必要的应急措施后撤离危险区域。

2.《生产安全事故报告和调查处理条例》

该条例对事故报告、事故调查、事故等级及事故处理作出了如下规定：

（1）根据生产安全事故（以下简称事故）造成的人员伤亡或者直接经济损失，事故一般分为以下等级：

1）特别重大事故，是指造成30人（含30人）以上死亡，或者100人（含100人）以上重伤（包括急性工业中毒，下同），或者1亿元（含1亿元）以上直接经济损失的事故。

2）重大事故，是指造成10人（含10人）以上30人以下死亡，或者50人（含50人）以上100人以下重伤，或者5000万元（含5000万元）以上1亿元以下直接经济损失的事故。

3）较大事故，是指造成3人（含3人）以上10人以下死亡，或者10人（含10人）以上50人以下重伤，或者1000万元（含1000万元）以上5000万元以下直接经济损失的事故。

4）一般事故，是指造成3人以下死亡，或者10人以下重伤，或者1000万元以下直接经济损失的事故。

（2）事故发生后，事故现场有关人员应当立即向本单位负责人报告；单位负责人接到报告后，应当于1小时内向事故发生地县级以上人民政府安全生产监督管理部门和负有安全生产监督管理职责的有关部门报告。

情况紧急时，事故现场有关人员可以直接向事故发生地县级以上人民政府安全生产监督管理部门和负有安全生产监督管理职责的有关部门报告。

（3）事故调查组有权向有关单位和个人了解与事故有关的情况，并要求其提供相关文件、资料，有关单位和个人不得拒绝。

事故发生单位的负责人和有关人员在事故调查期间不得擅离职守，并应当随时接受事故调查组的询问，如实提供有关情况。

事故调查中发现涉嫌犯罪的，事故调查组应当及时将有关材料或者其复印件移交司法机关处理。

3.《特种设备安全监察条例》

（1）特种设备生产、使用单位应当建立健全特种设备安全、节能管理制度和岗位安全、节能责任制度。

特种设备生产、使用单位的主要负责人应当对本单位特种设备的安全和节能全面负责。

特种设备生产、使用单位和特种设备检验检测机构，应当接受特种设备安全监督管理部门依法进行的特种设备安全监察。

（2）特种设备出现故障或者发生异常情况，使用单位应当对其进行全面检查，消除事故隐患后，方可重新投入使用。

（3）特种设备使用单位应当对特种设备作业人员进行特种设备安全、节能教育和培训，保证特种设备作业人员具备必要的特种设备安全、节能知识。

特种设备作业人员在作业中应当严格执行特种设备的操作规程和有关的安全规章制度。

（4）特种设备作业人员在作业过程中发现事故隐患或者其他不安全因素，应当立即向现场安全管理人员和单位有关负责人报告。

第三节　建筑安全生产相关
规章及规范性文件主要内容

1.《建筑起重机械安全监督管理规定》

（1）使用单位应当履行下列安全职责：

1）根据不同施工阶段、周围环境以及季节、气候的变化，对建筑起重机械采取相应的安全防护措施。

2）制定建筑起重机械生产安全事故应急救援预案。

3）在建筑起重机械活动范围内设置明显的安全警示标志，对集中作业区做好安全防护。

4）设置相应的设备管理机构或者配备专职的设备管理人员。

5）指定专职设备管理人员、专职安全生产管理人员进行现场监督检查。

6）建筑起重机械出现故障或者发生异常情况的，立即停止使用，消除故障和事故隐患后，方可重新投入使用。

（2）使用单位应当对在用的建筑起重机械及其安全保护装置、吊具、索具等进行经常性和定期的检查、维护和保养，并做好记录。

（3）禁止擅自在建筑起重机械上安装非原制造厂制造的标准节和附着装置。

（4）建筑起重机械特种作业人员应当遵守建筑起重机械安全操作规程和安全管理制度，在作业中有权拒绝违章指挥和强令冒险作业，有权在发生危及人身安全的紧急情况时立即停止作业或者采取必要的应急措施后撤离危险区域。

（5）建筑起重机械安装拆卸工、起重信号工、起重司机、司索工等特种作业人员应当经建设主管部门考核合格，并取得特种作业操作资格证书后，方可上岗作业。

省、自治区、直辖市人民政府建设主管部门负责组织实施建筑施工企业特种作业人员的考核。

2. 《危险性较大的分部分项工程安全管理办法》

该办法对危险性较大的分部分项工程，即房屋建筑和市政基础设施工程在施工过程中，容易导致人员群死群伤或者造成重大经济损失的分部分项工程的前期保障、专项施工方案、现场安全管理及监督管理明确了具体要求。

（1）施工单位应当在施工现场显著位置公告危大工程名称、施工时间和具体责任人员，并在危险区域设置安全警示标志。

（2）专项施工方案实施前，编制人员或者项目技术负责人应当向施工现场管理人员进行方案交底。

施工现场管理人员应当向作业人员进行安全技术交底，并由双方和项目专职安全生产管理人员共同签字确认。

（3）施工单位应当对危大工程施工作业人员进行登记，项目负责人应当在施工现场履职。

项目专职安全生产管理人员应当对专项施工方案实施情况进行现场监督，对未按照专项施工方案施工的，应当要求立即整改，并及时报告项目负责人，项目负责人应当及时组织限期整改。

施工单位应当按照规定对危大工程进行施工监测和安全巡视，发现危及人身安全的紧急情况，应当立即组织作业人员撤离危险区域。

（4）危大工程发生险情或者事故时，施工单位应当立即采取应急处置措施，并报告工程所在地住房和城乡建设主管部门。建设、勘察、设计、监理等单位应当配合施工单位开展应急抢险工作。

第四章　建筑施工安全防护基本知识

第一节　个人安全防护用品的使用

1. 安全帽

安全帽是对人的头部受坠落物及其他特定因素引起的伤害起防护作用的防护用品。由帽壳、帽衬、下颌带和帽箍等组成。

施工现场工人必须佩戴安全帽。

（1）安全帽的作用

主要是为了保护头部不受到伤害，并在出现以下几种情况时保护人的头部不受伤害或降低头部受伤害的程度。

1）飞来或坠落下来的物体击向头部时。

2）当作业人员从 2m 及以上的高处坠落下来时。

3）当头部有可能触电时。

4）在低矮的部位行走或作业，头部有可能碰到尖锐、坚硬的物体时。

（2）安全帽佩戴注意事项

安全帽的佩戴要符合标准，使用应符合规定。佩戴时要注意下列事项：

1）戴安全帽前应将调整带按自己头型调整到适合的位置，然后将帽内弹性带系牢。缓冲衬垫的松紧由带子调节，人的头顶和帽体内顶部的空间垂直距离一般在 25～50mm，这样才能保证当遭受到冲击时，帽体有足够的空间可供缓冲，平时也有利于头和帽体间的通风。

2）不要把安全帽歪戴，也不要把帽檐戴在脑后方，否则，会降低安全帽对于冲击的防护作用。

3）为充分发挥保护力，安全帽佩戴时必须按头号围的大小调整帽箍并系紧下颌带。

4）安全帽体顶部除了在帽体内部安装了帽衬外，有的还开了小孔通风。但在使用时不要为了透气而随便再行开孔，因为这样会降低帽体的强度。

5）安全帽要定期检查。检查有没有龟裂、下凹、裂痕和磨损等情况，发现异常现象要立即更换，不准再继续使用。任何受过重击、有裂痕的安全帽，不论有无损坏现象，均应报废。

6）在现场室内作业也要戴安全帽，特别是在室内带电作业时，更要认真戴好安全帽，因为安全帽不但可以防碰撞，而且还能起到绝缘作用。

7）平时使用安全帽时应保持整洁，不能接触火源，不要任意涂刷油漆，不准当凳子坐。如果丢失或损坏，必须立即补发或更换，无安全帽一律不准进入施工现场。

2. 安全带

安全带是用于防止高处作业人员发生坠落或发生坠落后将作业人员安全悬挂的个体防护装备，主要由安全绳、缓冲器、主带、辅带等部件组成。

为了防止作业者在某个高度和位置上可能出现的坠落，作业者在登高和高处作业时，必须系挂好安全带。安全带的使用和维护有以下几点要求：

（1）高处作业施工前，应对作业人员进行安全技术教育及交底，并应配备相应防护用品。作业人员应从思想上重视安全带的作用，作业前必须按规定要求系好安全带。

（2）安全带在使用前要检查各部位是否完好无损，所有零部件应顺滑，无材料或制造缺陷，无尖角或锋利边缘。

（3）挂点强度应满足安全带的负荷要求，挂点不是安全带的组成部分，但同安全带的使用密切相关。高处作业如无固定挂点，应采用适当强度的钢丝绳或采取其他方法悬挂。禁止挂在移动或带尖锐棱角或不牢固的物件上。

（4）高挂低用。将安全带挂在高处，人在下面工作就叫高挂低用。它可以使坠落发生时的实际冲击距离减小。与之相反的是低挂高用。因为当坠落发生时，实际冲击的距离会加大，人和绳都要受到较大的冲击负荷。所以安全带必须高挂低用，严禁低挂高用。

（5）安全带保护套要保持完好，以防绳被磨损。若发现保护套损坏或脱落，必须加上新套后再使用。

（6）安全带严禁擅自接长使用。如果使用 3m 及以上的长绳时必须要加缓冲器，各部件不得任意拆除。

（7）安全带在使用后，要注意维护和保管。要经常检查安全带缝制部分和挂钩部分，必须详细检查捻线是否发生裂断和残损等。

（8）安全带不使用时要妥善保管，不可接触高温、明火、强酸、强碱或尖锐物体，不要存放在潮湿的仓库中保管。

（9）安全带在使用两年后应抽验一次，频繁使用应经常进行外观检查，发现异常必须立即更换。定期或抽样试验用过的安全带，不准再继续使用。

3. 防护服

建筑施工现场作业人员应穿着工作服。焊工的工作服一般为白色，其他工种的工作服没有颜色的限制。

（1）防护服的分类

建筑施工现场的防护服主要有以下几类：

1）全身防护型工作服。

2）防毒工作服。

3）耐酸工作服。

4）耐火工作服。

5）隔热工作服。

6）通气冷却工作服。

7）通水冷却工作服。

8）防射线工作服。

9）劳动防护雨衣。

10）普通工作服。

（2）防护服的穿着

施工现场对作业人员防护服的穿着要求主要有：

1）作业人员作业时必须穿着工作服；

2）操作转动机械时，袖口必须扎紧；

3）从事特殊作业的人员必须穿着特殊作业防护服；

4）焊工工作服应是白色帆布制作。

4. 防护鞋

防护鞋的种类比较多，应根据作业场所和内容的不同选择使用。电力建设施工现场上常用的有绝缘鞋（靴）、焊接防护鞋、耐酸碱橡胶靴及皮安全鞋等。

对绝缘鞋（靴）的要求有：

（1）必须在规定的电压范围内使用。

（2）绝缘鞋（靴）胶料部分无破损，且每半年做一次预防性试验。

（3）在浸水、油、酸、碱等条件上不得作为辅助安全用具使用。

5. 防护手套

使用防护手套时，必须对工件、设备及作业情况进行分析之后，选择适当材料制作、操作方便的手套，方能起到保护作用。施工现场上常用的防护手套有下列几种：

（1）劳动保护手套。具有保护手和手臂的功能，作业人员工作时一般都使用这类手套。

（2）带电作业用绝缘手套。要根据电压选择适当的手套，检查表面有无裂痕、发黏、发脆等缺陷，如有异常禁止使用。

（3）耐酸、耐碱手套。主要用于接触酸和碱时戴的手套。

（4）橡胶耐油手套。主要用于接触矿物油、植物油及脂肪簇的各种溶剂作业时戴的手套。

（5）焊工手套。电、火焊工作业时戴的防护手套，应检查皮革或帆布表面有无僵硬、薄挡、洞眼等残缺现象，如有缺陷，不准使用。手套要有足够的长度，手腕部不能裸露在外边。

第二节　安全色与安全标志

安全色和安全标志是国家规定的两个传递安全信息的标准。尽管安全色和安全标志是一种消极的、被动的、防御性的安全警告装置，并不能消除、控制危险，不能取代其他防范安全生产事故的各种措施，但它们形象而醒目地向人们提供了禁止、警告、指令、提示等安全信息，对于预防安全生产事故的发生具有重要作用。

1. 安全色的概念

安全色，就是传递安全信息含义的颜色，包括红、蓝、黄、绿四种颜色。对比色，是使安全色更加醒目的反衬色，包括黑、白两种颜色。对比色要与安全色同时使用。

安全色适用于工业企业、交通运输、建筑、消防、仓库、医院及剧场等公共场所使用的信号和标志的表面色，不适用于灯光信号、航海、内河航运以及其他目的而使用的颜色。

2. 安全色的含义

安全色的红、蓝、黄、绿四种颜色，分别代表不同的含义。

（1）红色。表示禁止、停止、危险以及消防设备的意思。凡是禁止、停止、消防和有危险的器件或环境均应涂以红色的标记作为警示的信号。

（2）蓝色。表示指令，要求人们必须遵守的规定。

（3）黄色。表示提醒人们注意。凡是警告人们注意的器件、设备及环境都应以黄色表示。

（4）绿色。表示给人们提供允许、安全的信息。

（5）对比色与安全色同时使用。

（6）安全色与对比色的相间条纹。

红色与白色相间条纹——表示禁止人们进入危险环境。

黄色与黑色相间条纹——表示提示人们特别注意的意思。

蓝色和白色相间条纹——表示必须遵守规定的意思。

绿色和白色相间条纹——与提示标志牌同时使用，更为醒目地提示人们。

3. 安全色的使用

安全色的使用范围很广，可以使用在安全标志上，也可以直接使用在机械设备上；可以在室内使用，也可以在户外使用。如红色的，各种禁止标志；黄色的，各种警告标志；蓝色的，各种指令标志；绿色的，各种提示标志等。

安全色有规定的颜色范围，超出范围就不符合安全色的要求。颜色范围所规定的安全色是最不容易互相混淆的颜色。对比色是为了使安全色更加醒目而采用的反衬色，它的作用是提高物体颜色的对比度。

4. 安全标志的概念

安全标志是用以表达特定安全信息的标志，由图形符号、安全色、几何图形（边框）或文字构成。

安全标志适用于工矿企业、建筑工地、厂内运输和其他有必要提醒人们注意安全的场所。使用安全标志，能够引起人们对不安全因素的注意，从而达到预防事故、保证安全的目的。但是，安全标志的使用只是起到提示、提醒的作用，它不能代替安全操作规程，也不能代替其他的安全防护措施。

5. 安全标志的种类

安全标志分禁止标志、警告标志、指令标志和提示标志四大类型。

（1）禁止标志。禁止标志的含义是禁止人们不安全行为的图形标志。其基本形式是带斜杠的圆边框，采用红色作为安全色。

（2）警告标志。警告标志的基本含义是提醒人们对周围环境引起注意，以避免可能发生危险的图形标志。其基本形式是正三角形边框，采用黄色作为安全色。

（3）指令标志。指令标志的含义是强制人们必须做出某种动作或采用防范措施的图形标志。其基本形式是圆形边框，采用蓝色作为安全色。

（4）提示标志。提示标志的含义是向人们提供某种信息（如标明安全设施或场所等）的图形标志。其基本形式是正方形边框，采用绿色作为安全色。

第三节　高处作业安全知识

1. 高处作业的基本概念

凡在坠落高度基准面 2m 及以上，有可能坠落的高处进行的作业，均称为高处作业。

2. 建筑施工高处作业常见形式及安全措施

（1）临边作业

临边作业是指在工作面边沿无围护或围护设施高度低于800mm 的高处作业，包括楼板边、楼梯段边、屋面边、阳台边及各类坑、沟、槽等边沿的高处作业。

1）进行临边作业时，应在临空一侧设置防护栏杆，并应采用密目式安全立网或工具式栏板封闭。

2）分层施工的楼梯口、楼梯平台和梯段边，应安装防护栏杆；外设楼梯口、楼梯平台和梯段边还应采用密目式安全立网封闭。

3）建筑物外围边沿处，应采用密目式安全立网进行全封闭，有外脚手架的工程，密目式安全立网应设置在脚手架外侧立杆上，并与脚手杆紧密连接；没有外脚手架的工程，应采用密目式安全立网将临边全封闭。

4）施工升降机、龙门架和井架物料提升机等各类垂直运输设备设施与建筑物间设置的通道平台两侧边，应设置防护栏杆、挡脚板，并应采用密目式安全立网或工具式栏板封闭。

5）各类垂直运输接料平台口应设置高度不低于 1.80m 的楼层防护门，并应设置防外开装置；多笼井架物料提升机通道中间，应分别设置隔离设施。

（2）洞口作业

洞口作业是指在地面、楼面、屋面和墙面等有可能使人和物料坠落，其坠落高度大于或等于2m的洞口处的高处作业。

在洞口作业时，应采取防坠落措施，并应符合下列规定：

1）当垂直洞口短边边长小于500mm时，应采取封堵措施；当垂直洞口短边边长大于或等于500mm时，应在临空一侧设置高度不小于1.2m的防护栏杆，并应采用密目式安全立网或工具式栏板封闭，设置挡脚板。

2）当非垂直洞口短边尺寸为25～500mm时，应采用承载力满足使用要求的盖板覆盖，盖板四周搁置应均衡，且应防止盖板移位。

3）当非垂直洞口短边边长为500～1500mm时，应采用专项设计盖板覆盖，并应采取固定措施；

4）当非垂直洞口短边长大于或等于1500mm时，应在洞口作业侧设置高度不小于1.2m的防护栏杆，并应采用密目式安全立网或工具式栏板封闭；洞口应采用安全平网封闭。

5）电梯井口应设置防护门，其高度不应小于1.5m，防护门底端距地面高度不应大于50mm，并应设置挡脚板。

6）在进入电梯安装施工工序之前，同时井道内应每隔10m且不大于2层加设一道水平安全网。电梯井内的施工层上部，应设置隔离防护设施。

7）施工现场通道附近的洞口、坑、沟、槽、高处临边等危险作业处，除应悬挂安全警示标志外，夜间应设灯光警示。

8）边长不大于500mm洞口所加盖板，应能承受不小于1.1kN/m²的荷载。

9）墙面等处落地的竖向洞口、窗台高度低于800mm的竖向洞口及框架结构在浇筑完混凝土没有砌筑墙体时的洞口，应按临边防护要求设置防护栏杆。

（3）攀登作业

攀登作业是指借助登高用具或登高设施进行的高处作业。攀登作业应注意以下事项：

1）攀登的用具，结构构造上必须牢固可靠。

2）梯子底部应坚实，并有防滑措施，不得垫高使用，梯子的上端应有固定措施。

3）单梯不得垫高使用，使用时应与水平面成 75°夹角，踏步不得缺失，其间距宜为 300mm。当梯子需接长使用时，应有可靠的连接措施，接头不得超过 1 处。连接后梯梁的强度，不应低于单梯梯梁的强度。

4）固定式直爬梯应用金属材料制成。使用直爬梯进行攀登作业时，攀登高度以 5m 为宜，超过 8m 时，应设置梯间平台。

5）上下梯子时，必须面向梯子，且不得手持器物。

（4）交叉作业

交叉作业是指垂直空间贯通状态下，可能造成人员或物体坠落，并处于坠落半径范围内、上下左右不同层面的立体作业。交叉作业时应注意以下事项：

1）各工种进行上下立体交叉作业时，不得在同一垂直方向上操作。下层作业的位置，必须处于依上层高度确定的可能坠落的半径范围之外，不符合以上条件时，应设安全防护棚。

2）钢模板、脚手架拆除时，下方不得有人施工。

3）模板拆除后，临边堆放处离楼层边沿不应小于 1m，堆放高度不得超过 1m，楼层边口、通道口、脚手架边缘等处，严禁堆放任何物件。

4）结构施工自 2 层起，凡人员进出的通道口（包括井架、施工电梯的进出通道口），均应搭设双层防护棚。

5）在建建筑物旁或在塔机吊臂回转半径范围之内的主要通道、临时设施、钢筋、木工作业区等必须搭设双层防护棚。

第五章 施工现场消防基本知识

第一节 施工现场消防知识概述及常用消防器材

1. 施工现场消防知识概述

我国消防工作实行预防为主、消防结合的方针。按照政府统一领导、部门依法监管、单位全面负责、公民积极参与的原则，实行消防安全责任制，建立健全社会化的消防工作网络。

建设工程施工现场的防火，必须遵循国家有关方针、政策，针对不同施工现场的火灾特点，立足自防自救，采取可靠防火措施，做到安全可靠、经济合理、方便适用。

燃烧的发生必须具备三个条件，即：可燃物、助燃物和着火源。因此，制止火灾发生的基本措施包括：

（1）控制可燃物，以难燃或不燃的材料代替易燃或可燃的。

（2）隔绝空气，使用易燃物质的生产应在密闭的设备中进行。

（3）消除着火源。

（4）阻止火势蔓延，在建筑物之间筑防火墙，设防火间距，防止火灾扩大。

2. 建筑施工现场消防器材的配置和使用

（1）在建工程及临时用房的下列场所应配置灭火器：

1）易燃易爆危险品存放及使用场所。

2）动火作业场所。

3）可燃材料存放、加工及使用场所。

4）厨房操作间、锅炉房、发电机房、变配电房、设备用房、办公用房、宿舍等临时用房。

5）其他具有火灾危险的场所。

（2）建筑施工现场常用灭火器及使用方法

1）泡沫灭火器。药剂：筒内装有碳酸氢钠、发沫剂、硫酸铝溶液。用途：适用于扑救油脂类、石油产品及一般固体初起的火灾；不适用于扑救忌水化学品和电气火灾。使用方法：手指堵住喷嘴，将筒体上下颠倒 2 次，打开开关，药剂即喷出。

2）干粉灭火器。药剂：钢筒内装有钾盐或钠盐粉，并备有盛装压缩气体的小钢瓶。用途：适用于扑救石油及其产品、可燃气体和电气设备初起的火灾。使用方法：提起筒，拔掉保险销环，干粉即可喷出。

3）二氧化碳灭火器。药剂：瓶内装有压缩或液态的二氧化碳。用途：主要适用于扑救贵重设备、档案资料、仪器仪表、600V 以下的电器及油脂等火灾；禁止使用二氧化碳灭火器灭火的物品有，遇有燃烧物品中的锂、钠、钾、铯、锶、镁、铝粉等。使用方法：拔掉安全销，一手拿好喇叭筒对着火源，另一手压紧压把打开开关即可。

4）酸碱灭火器。用途：主要适用于扑救竹、木、棉、毛、草、纸等一般初起火灾，但对忌水的化学物品、电气、油类不宜用。

（3）消火栓、消防水带、消防水枪

消火栓按安装区域分有室内、室外消火栓两种；按安装位置分为地上式与地下式两种；按消防介质分有水消火栓和泡沫消火栓两种。消火栓应在任意时刻均处于工作状态。

1）消防水带应配相对口径的水带接口方能使用。水带接口装置于水带两端，用于水带与水带、消火栓或水枪之间的连接，以便进行输水或水和泡沫混合液，其接口为内扣式。

2）水枪是装在水带接口上，起射水作用的专用部件。各种水枪的接口形式均为内扣式。

3）消火栓的开关位置在其顶部，必须用专用扳手操作，其顶盖上有开关标志符。

使用时应先安好消防水带，之后打开消火栓上封盖把水带固定好，然后再打开消火栓。在使用消火栓灭火时，必须两人以上操作，当水带充满水后，一人拿枪，一人配合移动消防水带。

第二节　施工现场消防管理制度及相关规定

施工现场的消防安全由施工单位负责。实行施工总承包的，应由总承包单位负责。分包单位向总承包单位负责，并应服从总承包单位的管理，同时应承担国家法律、法规规定的消防责任和义务。施工现场建立消防管理制度，落实消防责任制和责任人员，建立义务消防队，定期对有关人员进行消防教育，落实消防措施。

1. 施工现场消防管理制度

（1）施工单位应编制施工现场灭火及应急疏散预案。灭火及应急疏散预案应包括下列主要内容：

1）应急灭火处置机构及各级人员应急处置职责。

2）报警、接警处置的程序和通信联络的方式。

3）扑救初起火灾的程序和措施。

4）应急疏散及救援的程序和措施。

（2）施工人员进场时，施工现场的消防安全管理人员应向施工人员进行消防安全教育和培训。消防安全教育和培训应包括下列内容：

1）施工现场消防安全管理制度、防火技术方案、灭火及应急疏散预案的主要内容。

2）施工现场临时消防设施的性能及使用、维护方法。

3）扑灭初起火灾及自救逃生的知识和技能。

4）报警、接警的程序和方法。

（3）施工作业前，施工现场的施工管理人员应向作业人员进行消防安全技术交底。消防安全技术交底应包括下列主要内容：

1) 施工过程中可能发生火灾的部位或环节。

2) 施工过程应采取的防火措施及应配备的临时消防设施。

3) 初起火灾的扑救方法及注意事项。

4) 逃生方法及路线。

(4) 施工过程中，施工现场的消防安全负责人应定期组织消防安全管理人员对施工现场的消防安全进行检查。消防安全检查应包括下列主要内容：

1) 可燃物及易燃易爆危险品的管理是否落实。

2) 动火作业的防火措施是否落实。

3) 用火、用电、用气是否存在违章操作，电、气焊及保温防水施工是否执行操作规程。

4) 临时消防设施是否完好有效。

5) 临时消防车道及临时疏散设施是否畅通。

2. 施工现场消防管理规定

(1) 施工现场动火作业

1) 动火作业应办理动火许可证，动火许可证的签发人收到动火申请后，应前往现场查验并确认动火作业的防火措施落实后，再签发动火许可证。

2) 动火操作人员应具有相应资格。

3) 焊接、切割、烘烤或加热等动火作业前，应对作业现场的可燃物进行清理；作业现场及其附近无法移走的可燃物应采用不燃材料覆盖或隔离。

4) 施工作业安排时，宜将动火作业安排在使用可燃建筑材料施工作业之前进行，确需在可燃建筑材料施工作业之后进行动火作业的，应采取可靠的防火保护措施。

5) 裸露的可燃材料上严禁直接进行动火作业。

6) 焊接、切割、烘烤或加热等动火作业应配备灭火器材，并应设置动火监护人进行现场监护，每个动火作业点均应设置1个监护人。

7）五级（含五级）以上风力时，应停止焊接、切割等室外动火作业，确需动火作业时，应采取可靠的挡风措施。

8）动火作业后，应对现场进行检查，并应在确认无火灾危险后，动火操作人员再离开。

（2）施工现场用电

1）电气线路应具有相应的绝缘强度和机械强度，禁止使用绝缘老化或失去绝缘性能的电气线路，严禁在电气线路上悬挂物品。破损、烧焦的插座、插头应及时更换。

2）电气设备与可燃、易燃易爆和腐蚀性物品应保持一定的安全距离。

3）距配电盘 2m 范围内不得堆放可燃物，5m 范围内不应设置可能产生较多易燃、易爆气体、粉尘的作业区。

4）可燃库房不应使用高热灯具，易燃易爆危险品库房内应使用防爆灯具。

5）电气设备不应超负荷运行或带故障使用。

（3）施工现场用气

1）储装气体罐瓶及其附件应合格、完好和有效；严禁使用减压器及其他附件缺损的氧气瓶，严禁使用乙炔专用减压器、回火防止器及其他附件缺损的乙炔瓶。

2）气瓶应保持直立状态，并采取防倾倒措施，乙炔瓶严禁横躺卧放。

3）严禁碰撞、敲打、抛掷、溜坡或滚动气瓶。

4）气瓶应远离火源，与火源的距离不应小于 10m，并应采取避免高温和防止暴晒的措施。

5）气瓶应分类储存，库房内应通风良好；空瓶和实瓶同库存放时，应分开放置，两者间距不应小于 1.5m。

6）瓶装气体使用前，应检查气瓶及气瓶附件的完好性，检查连接气路的气密性，并采取避免气体泄漏的措施，严禁使用已老化的橡皮气管。

7）氧气瓶与乙炔瓶的工作间距不应小于 5m，气瓶与明火作业点的距离不应小于 10m。

　　8）冬季使用气瓶，气瓶的瓶阀、减压阀等发生冻结时，严禁用火烘烤或用铁器敲击瓶阀，严禁猛拧减压器的调节螺栓。

　　9）氧气瓶内剩余气体的压力不应小于 0.1MPa，气瓶用后应及时归库。

第六章 施工现场应急救援基本知识

第一节 生产安全事故应急救援预案管理相关知识

1. 生产安全事故应急救援预案的概念

生产安全事故应急救援预案是为了有效预防和控制可能发生的事故，最大限度减少事故及其损害而预先制定的工作方案。它是事先采取的防范措施，将可能发生的等级事故损失和不利影响减少到最低的有效方法。

2. 建筑施工企业生产安全事故应急救援预案的管理

施工单位的应急救援预案应经专家评审或者论证后，由企业主要负责人签署发布。施工项目部的安全事故应急救援预案在编制完成后报施工企业审批。

建筑工程施工期间，施工单位应当将生产安全事故应急救援预案在施工现场显著位置公示，并组织开展本单位的应急救援预案培训交底活动，使有关人员了解应急救援预案的内容，熟悉应急救援职责、应急救援程序和岗位应急救援处置方案。

建筑施工单位应当制定本单位的应急预案演练计划，根据本单位的事故预防重点，每年至少组织一次综合应急预案演练或者专项应急预案演练，每半年至少组织一次现场处置方案演练。

第二节　现场急救基本知识

1. 施工现场应急救护要点

（1）对骨伤人员的救护

1）不能随便搬动伤者，以免不正确的搬动（或移动）给伤者带来二次伤害。例如凡是胸、腰椎骨折者，头、颈部外伤者，不能任意搬动，尤其不能屈曲。

2）在需要搬动时，用硬板固定受伤部位后方可搬动。

3）用担架搬运时，要使伤员头部向后，以便后面抬担架的人可以随时观察其伤情变化。

（2）对眼睛伤害人员的救护

1）眼有异物时，千万不要自行用力眨眼睛，应通过药水、泪水、清水冲洗，仍不能把异物冲掉时，才能扒开眼睑，仔细小心清除眼里异物，如仍无法清除异物或伤势较重时，应立即到医院治疗。

2）当化学物质（如砌筑用的石灰膏）进入眼内时，立即用大量的清水冲洗。冲洗时要扒开眼睑，使水能直接冲洗眼睛，要反复冲洗，时间至少15min以上。在无人协助的情况下，可用一盆水，双眼浸入水中，用手分开眼睑，做睁眼、闭眼、转动并立即到医院做必要的检查和治疗。

（3）心肺复苏术

心肺复苏术，是在建筑工地现场对呼吸心搏骤停病人给予呼吸和循环支持所采取的急救，急救措施如下：

1）畅通气道：托起患者的下颌，使病人的头向后仰，如口中有异物，应先将异物排除。

2）口对口人工呼吸：捏闭病人的鼻孔，深吸气后先连续快速向病人口内吹气4次，吹气频率以每分钟2～16次。如遇特殊情况（牙关紧闭或外伤），可采用口对鼻人工呼吸。

3）胸外脏按压：双手放在病人胸骨的下1/3段（剑突上两

根指），有节奏地垂直向下按压胸骨干段，成人按压的深度为胸骨下陷 4~5cm 为宜。一般按压 15 次，吹气 2 次。

4）胸外心脏按压和口对口吹气需要交替进行。最好有两个人同时参加急救，其中一个人作口对口吹气。

（4）外伤常用止血方法

1）一般止血法：凡出血较少的伤口，可在清洗伤口后盖上一块消毒纱布，并用绷带或胶布固定即可。

2）指压止血法：可用干净的布（没有布可以用手）直接按压伤口，直到不出血为止。

3）加压包扎止血法：用纱布、棉花等垫放在伤口上，用较大的力进行包扎，并尽量抬高受伤部位。加压时力量也不可过大或扎得过紧，如以免引起受伤部位局部缺血造成坏死。

2. 建筑施工现场主要事故类型及救援常识

（1）触电事故及救援常识

1）发现有人触电时，不要直接用手去拖拉触电者，应首先迅速拉电闸断电，现场无电闸时，使用木方等不导电的材料或用干衣服包严双手，将触电者拖离电源。

2）根据触电者的状况进行现场人工急救（如心肺复苏），并迅速向工地负责人报告或报警。

（2）火灾事故及救援常识

1）最早发现者应立即大声呼救，并根据情况立即采取正确方法灭火。当判断火势无法控制时，要迅速报警并向有关人员报告。

2）根据火灾的影响范围，迅速把无关人员疏散到指定的消防安全区。作业区发生火灾时，可采用建筑物内楼梯、外脚手架上下梯、离火灾现场较远的外施工电梯等疏散人员。不得使用离火灾现场较近的外施工电梯，严禁使用室内电梯疏散人员。

3）当火势无法控制时，要及时采取隔离火源措施，及时搬出附近的易燃易爆物以及贵重物品，防止火势蔓延到有易燃易爆物品或存放贵重物品的地点。当有可能发生气瓶爆炸或火势已无法控制且危及人员生命安全时，迅速将救火人员撤离到安全地方，等待专职消防队救援或采取其他必要措施。

4）火灾逃生自救知识原则：

如果发现火势无法控制，应保持镇静，判断危险地点和安全地点，决定逃生方法和路线，尽快撤离危险地。

通过浓烟区逃生时，如无防毒面具等护具，可用湿毛巾等捂住口鼻，并尽可能贴近地面，以匍匐姿势快速前进，如有条件可向头部、身上浇冷水或用湿毛巾、湿棉被、湿毯子等将头、身裹好再冲出去。

（3）易燃易爆气体泄漏事故应急常识

1）最早发现者应立即大声呼救，并向有关人员报告或报警。根据情况立即采取正确方法施救，如尝试采取关闭阀门、堵漏洞等措施截断、控制泄漏，若无法控制，应迅速撤离。

2）在气体泄漏区内严禁使用手机、电话或启动电气设备，并禁止一切产生明火或火花的行为。

3）疏散无关人员，迅速远离危险区域，治安保卫人员要迅速建立禁区，严禁无关人员进入。同时停止附近的作业。

4）在未有安全保障措施的情况下，不要盲目行动，应等待公安消防队或其他专业救援队伍处理。

（4）发现坍塌预兆或坍塌事故应急常识

1）发现坍塌预兆时，发现者应立即大声呼唤，停止作业，迅速疏散人员撤离现场，并向项目部报告。待险情排除，并得到有关人员同意后，方可重新进入现场作业。

2）当事故发生后，发现者应立即大声呼救，同时向有关人员报告或报警。项目部根据情况立即采取措施组织抢救，同时向上级部门报告。

3）迅速判断事故发展状态和现场情况，采取正确应急控制措施，判断清楚被掩埋人员位置，立即组织人员全力挖掘抢救。

4）在救护过程中要防止二次坍塌伤人，必要时先对危险的地方采取一定的加固措施。

5）按照有关救护知识，立即救护抢救出来的伤员，在等待医生救治或送往医院抢救过程中，不要停止和放弃施救。

（5）有毒气体中毒事故应急常识

1）最早发现者应立即大声呼救，向有关人员报告或报警，如原因明确应立即采取正确方法施救，但决不可盲目救助。

2）迅速查明事故原因和判断事故发展状态，采取正确方法施救。

如中毒事故必须先通风或戴好防毒面具方可救人；如缺氧，则要戴好有供氧的防毒面具才可救人。

3）救出伤员后按照有关救护知识，立即救护伤员，在等待医生救治或送往医院抢救过程中，不要停止和放弃施救，如采用人工呼吸，或输氧急救等。

4）现场不具备抢救条件时，立即向社会求救。

（6）高处坠落伤害急救常识

1）坠落在地的伤员，应初步检查伤情，不得随意搬动。

2）立即呼叫"120"急救医生前来救治。

3）采取初步急救措施：止血、包扎、固定。

4）注意固定颈部、胸腰部脊椎，搬运时保持动作一致平稳，避免伤员脊柱弯曲扭动加重伤情。

3. 施工现场报警注意事项

（1）按工地写出的报警电话，进行报警。

（2）报告事故类型。说明伤情（病情、火情、案情）等，以便救护人员事先做好急救的准备。如火灾报警时要尽量说明燃烧或爆炸物质、燃烧程度、人员伤亡、发生火灾楼层等情况。

（3）说明单位（或事故地）的电话或手机号码，以便救护车（消防车、警车）随时用电话通信联系。

（4）可用几部电话或手机，由数人同时向有关救援单位报警求救，以便各种救援单位都能以最快的速度到达事故现场。

第二部分　专业基础知识

第七章　电工基础知识

第一节　电路的构成

1. 电路

电路就是电流通过的路径，由电源、开关、负载和连接导线组成。图 7-1 所示为最简单的电路。

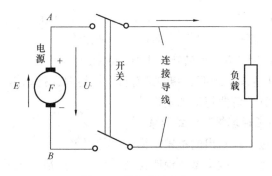

图 7-1　最简单的电路

电源是把其他形式的能量（如热能、水能、化学能、机械能及核能等）转变为电能，供给电器设备使用的装置。

负载是取用电能的设备，可将电能转化为光能、热能、机械能等。

连接导线用来连接电源和负载，用于输送、分配和控制电能。

电路通常有三种状态：

（1）通路：电路中的开关闭合，电流从电源正极经负载回到电源的负极，这种状态一般称为正常工作状态。

（2）开路：也称为断路，是指电路中某处断开或电路中开关打开，负载（电路）中没有电流通过。

（3）短路：电源两端的导线由于某种故障而直接相连，使负载中无电流通过。短路时电源向导线提供的电流比正常时大几十倍至几百倍，因此不允许短路发生。

2. 电学的几个物理量

（1）电量

电量是指物体所带电荷的多少，用符号 Q 表示，电量的单位为库仑（C）。

1C（库仑）$=6.25 \times 10^{18}$ 电子电荷。

（2）电流与电流强度

电荷在电场力的作用下，作有规则的定向运动，形成电流。习惯上将正电荷移动的方向规定为电流的方向。

电流的大小用电流强度（简称电流）来表示，其数值等于单位时间内通过导体横截面的电荷量，通常用符号 I 表示，即

$$I = \frac{Q}{t} \tag{7-1}$$

式中　I——电流强度，A；

　　　Q——通过导体横截面的电量，C；

　　　t——通过电荷量所用的时间，s。

电流强度的单位可用千安（kA）、安（A）、毫安（mA）表示，即：

$1kA = 10^3 A$，$1A = 10^3 mA$，$1mA = 10^3 \mu A$。

（3）电动势

电源为了不断地维持电路中的电流，就必须用外力不断地促使其内部的正负电荷分离，并将正电荷送到正极，负电荷送到负极。在外力的作用下，将电源中正负电荷分离所做的功与被分离

电荷电量之比即为电动势，用符号 E 表示，即

$$E = \frac{W}{Q} \qquad\qquad (7\text{-}2)$$

式中　E——电动势，V；

　　　W——外力所做的功，J；

　　　Q——外力分离电荷电量，C。

电动势的正方向规定：在电源内部由低电位端指向高电位端。

（4）电位和电压

1）电位

电场中某点（A）的电位等于单位正电荷在该点所具有的电位能，用符号 U_A 表示。一般规定参考点的电位为零。所以计算电路中某点的电位就是求该点与参考点之间的电位差。在实际电路中常以大地作为公共参考点。电路中各点电位的大小和正负与参考点的选择有关。选择不同的参考点，电路中各点电位的大小和正负也就不同，而参考点一旦选定，各点的电位也就确定了。

2）电压（电位差）

电路中任意两点间电位的差值称为电压（电位差）。A、B 两点的电压以 U_{AB} 表示，$U_{AB} = U_A - U_B$。电路中两点间的电压与参考点的选择无关。

电压的单位是伏特（V），简称伏。计算高电压时以千伏（kV）单位，计算低电压时则以毫伏（mV）或微伏（μV）为单位。

$1kV = 10^3 V$，$1V = 10^3 mV$，$1mV = 10^3 \mu V$

（5）电阻

电阻是表示导体对电流阻碍作用大小的一种物理量，用字母 R 表示，单位是欧姆（Ω）。

高电阻的单位用千欧（kΩ）、兆欧（MΩ）表示。

$1M\Omega = 10^3 k\Omega$，$1k\Omega = 10^3 \Omega$。

导体的电阻是客观存在的，与导体两端电阻的长度 L、横截面面积 S 以及电阻系数 ρ 有关系，可表示为：

$$R = \rho \frac{L}{S} \qquad (7\text{-}3)$$

式中　ρ——导体电阻系数，ρ 值的大小由导体的材料决定，$\dfrac{\Omega \cdot \text{mm}^2}{\text{m}}$；

　　　L——导体的长度，m；

　　　S——导线的横截面面积，mm^2。

导体电阻的大小除了以上因素，还与导体的温度有关：一般金属导体的电阻随温度的升高而增大。

（6）电功和电功率

1）电功

电流做功的大小简称电功。电流做了多少功，就有多少电能转变为其他形式的能。

电功的大小与电流强度和通电时间有关：

$$A = UIt \qquad (7\text{-}4)$$

式中　U——负载两端的电压，V；

　　　I——通过负载的电流强度，A；

　　　t——通电时间，s；

　　　A——电功，J。

2）电功率

电功率：某一电路在单位时间（1s）内所做的功，其计算式为：

$$P = \frac{A}{t} = \frac{UIt}{t} = UI \qquad (7\text{-}5)$$

电功率的大小是一个与通电时间无关的量。P 为功率符号，单位为瓦特（W）。

$$1\text{W} = 1\text{J/s} = 1\text{V} \cdot \text{A}$$

电功率大的单位：千瓦（kW）；电功率小的单位：毫瓦（mW）。

（7）电能

电能就是电流在一段时间内流经导体时所做的功。电能等于电功率与时间的乘积。其计算式为：

$$W = Pt \qquad (7-6)$$

式中　W——电能，$kW \cdot h$；

　　　P——电功率，kW；

　　　t——时间，h。

电能的单位是千瓦时，用 $kW \cdot h$ 表示，又称为度。电能可以用电度表来计量。

3. 部分电路欧姆定律

图 7-2 表示部分电路，图中 R 是部分电路的电阻。实验证明，对于一段通电电路，流过其中的电流与这段电路两端的电压成正比，而与这段电路的电阻成反比，这个关系叫做欧姆定律，用公式表示为：

$$I = \frac{U}{R} \qquad (7-7)$$

式中　I——通过导体的电流，A；

　　　U——导体两端电压，V；

　　　R——导体电阻，Ω。

应用式 7-7，当已知电压和电阻时，可求出电流。如将上式加以适当变化还可得 $U = IR$，它表示电流流过电阻时所产生的电位降低，又称为电阻压降。应用式 7-7，当已知电流和电阻时，可求出电压；而当已知电压和电流时，又可以从 $R = U/I$ 求出电阻。部分电路的欧姆定律，反映了部分电路中电压、电流和电阻的相互关系，它是分析和计算部分电路的主要依据。

4. 全电路欧姆定律

图 7-3 表示最简单的全电路，图中 r_0 表示电源的内阻；当连接导线的电阻可以忽略不计时，负载电阻 R 就是外电路的电阻。当开关接通时，电路中将有电流流通。下面讨论电流、电动势与各电阻间的关系。根据部分电路欧姆定律，在外电路负载电阻 R

上的电阻压降为 $U=IR$，同样，在内电路中电源内阻 r_0 上的电阻压降为 $U_0=Ir_0$。

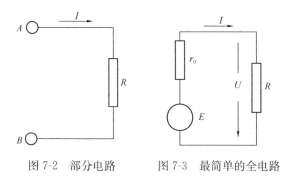

图 7-2　部分电路　　图 7-3　最简单的全电路

在一个闭合电路中，电位的升高应该等于电位的降低，即电动势应该等于所有电压降之和，即：

$$E=U+U_0=IR+Ir_0 \tag{7-8a}$$

或

$$I=\frac{E}{R+r_0} \tag{7-8b}$$

式中　E——电源电动势，V；

　　　R——外电路电阻，Ω；

　　　r_0——电源内阻，Ω。

全电路欧姆定律是指：在闭合回路中，电流的大小与电流的电动势成正比，而与整个电路的内外电阻之和成反比。

变换上式得：$IR=E-Ir_0$，即 $U=E-Ir_0$，该式表明电源两端的电压 U 要随电流的增大而下降。这是由于电源内阻压降所造成的，因为电流越大，电源内阻压降 Ir_0 也越大，所以电源两端输出的电压 U 就越低。电源都有内阻，内阻越大，随着电流的变化，电源输出电压的变化也越大。当电源的内阻很小（相对负载电阻而言）时，内阻压降可以忽略不计，则可认为 $U=E-Ir_0\approx E$，即电源的端电压近似等于电源的电动势。一般没有特殊指明电源的内阻时，就表示电源的内阻忽略不计。

5. 电阻的串联

几个电阻首尾依次相联，中间没有分岔的联接方法，叫做电阻的串联。图 7-4 表示三个电阻的串联电路。电阻串联电路的特点是：

（1）流过每个电阻的电流强度相同，即

$$I_1 = I_2 = \cdots = I_n = I \qquad (7\text{-}9)$$

（2）总电压等于各电阻分电压之和，即

$$U = U_1 + U_2 + \cdots + U_n \qquad (7\text{-}10)$$

（3）总电阻等于各电阻之和，即

$$R = R_1 + R_2 + \cdots + R_n \qquad (7\text{-}11)$$

（4）各电阻两端的电压跟它的阻值成正比，即

$$\frac{U_1}{R_1} = \frac{U_2}{R_2} = \cdots = \frac{U_n}{R_n} = I \qquad (7\text{-}12)$$

各电阻的分电压与电路总电压的关系由分压公式表示，即

$$U_n = \frac{R_n}{R_1 + R_2 + \cdots + R_n} U \qquad (7\text{-}13)$$

（5）各电阻消耗的功率跟它的阻值成正比，即

$$\frac{P_1}{R_1} = \frac{P_2}{R_2} = \cdots = \frac{P_n}{R_n} = I^2 \qquad (7\text{-}14)$$

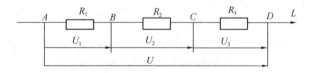

图 7-4　三个电阻的串联电路

6. 电阻的并联

将几个电阻接在电路中相同两点之间的联接方法叫电阻的并联。图 7-5 表示两个电阻的并联电路。电阻并联电路的特点是：

（1）各电阻两端的电压相等，即

$$U_1 = U_2 = \cdots = U_n = U \qquad (7\text{-}15)$$

（2）总电流等于各支路电流之和，即

$$I = I_1 + I_2 + \cdots + I_n \qquad (7\text{-}16)$$

（3）总电阻的倒数等于各电阻的倒数之和，即

$$\frac{1}{R} = \frac{1}{R_1} + \frac{1}{R_2} + \cdots + \frac{1}{R_n} \qquad (7\text{-}17)$$

如果两个电阻并联，则：$R = \dfrac{R_1 \cdot R_2}{R_1 + R_2}$

如 n 只阻值相等的电阻并联，则：$R = \dfrac{R_n}{n}$

（4）通过各电阻的电流强度跟它的阻值成反比，即

$$I_1 R_1 = I_2 R_2 = \cdots = I_n R_n = U \qquad (7\text{-}18)$$

两个并联电阻的分流公式为：

$$I_1 = \frac{R_2}{R_1 + R_2} I \qquad (7\text{-}19\text{a})$$

$$I_2 = \frac{R_1}{R_1 + R_2} I \qquad (7\text{-}19\text{b})$$

（5）各电阻消耗的功率跟它的阻值成反比，即

$$P_1 R_1 = P_2 R_2 = \cdots = P_n R_n = U^2 \qquad (7\text{-}20)$$

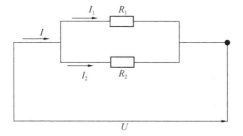

图 7-5　两个电阻的并联电路

第二节　正弦交流电路

1. 正弦交流电

交流电在日常生活和工业生产中，应用极为广泛。发电厂发出的电流就是交流电，大多数电气设备，如电动机、电路控制系

统、照明器具等，也使用交流电。

交流电随时间按正弦规律变化称为正弦交流电。

在交流电作用下的电路称为交流电路。

交流电比直流电输送方便、使用安全且价格不高。交流电机的结构也较简单，成本较低，维护方便，所以在工业生产和日常生活中获得广泛应用。正弦交流电的解析表达式为：

$$i = I_\mathrm{m}\sin(\omega t + \phi_i)$$
$$u = U_\mathrm{m}\sin(\omega t + \phi_u) \qquad (7\text{-}21)$$
$$e = E_\mathrm{m}\sin(\omega t + \phi_e)$$

式中　i——正弦交流电流瞬时值，A；

　　　u——正弦交流电压瞬时值，V；

　　　e——正弦电动势的瞬时值，V。

由式 7-21 可知，在不同时刻电流、电压、电动势是大小、方向均随时间 t 变化的，只要给出时间 t 的数值，该时刻的 i、u、e 就能求出。

正弦交流电还可以用波形图来描述。利用波形图可以直观地看出交流电的变化规律。正弦交流电流的波形如图 7-6 所示。

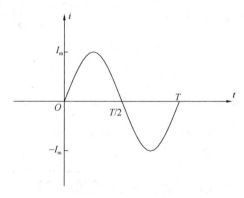

图 7-6　正弦交流电流波形

2. 正弦交流电的特征量

（1）正弦交流电的最大值

正弦交流电的最大值（I_m、U_m、E_m）是正弦交流电在一个周期内所能达到的最大数值，可以用来表示交流电电流的强弱或电压、电动势的高低。

（2）正弦交流电的有效值

正弦交流电的瞬时值不便于计算、比较，在实际应用中，常以热效应相等的直流电来表示交流电的大小。正弦交流电的有效值描述了交流电做功本领的大小。若让交流电 i 和直流电 I 分别流过阻值均为 R 的负载，如果在相同的时间内，这两种电流在负载电阻 R 上所产生的热量相等，我们就把直流电的数值 I 叫做该交流电 i 的有效值，并且用它来表示交流电的大小。交流电的有效值以 I、U、E 表示，其与交流电的最大值的数量关系如下：

$$I = \frac{I_m}{\sqrt{2}} = 0.707 I_m$$

$$U = \frac{U_m}{\sqrt{2}} = 0.707 U_m$$

$$E = \frac{E_m}{\sqrt{2}} = 0.707 E_m$$

即：交流电的有效值是最大值的 0.707 倍。

有效值是交流电路中一个非常重要的概念，交流用电器铭牌标注的额定电压、额定电流均指其有效值，交流电压表、电流表表面上标出的数字也都是有效值。但是，交流电气设备的绝缘主要考虑的是交流电的最大值。我国工业低压用电是有效值为 220V 的正弦交流电，其最大值为 $220\sqrt{2}$V，约等于 311V。

（3）正弦交流电的平均值

正弦交流电的平均值是指交变量为零的两点之间（半个周期内）的平均值。正弦交流电的平均值等于最大值的 $2/\pi$ 或 0.637 倍，即：

$$I_{平均} = 0.637 I_m$$

$$U_{平均} = 0.637 U_m$$

$$E_{\text{平均}} = 0.637E_{\text{m}}$$

正弦交流电的平均值等于有效值的 0.9 倍。

（4）周期、频率、角频率

周期、频率、角频率都是描述正弦交流电变化快慢的物理量。

正弦交流电变化一个循环所需要的时间，称为交流电的"周期"，通常用字母"T"表示，单位是秒（s）。

正弦交流电在 1s 内完成周期性变化的次数，称为交流电的"频率"，通常用字母"f"表示，单位是赫兹（Hz），简称赫。

频率与周期互成倒数关系，即

$$f = \frac{1}{T} \tag{7-22}$$

在我国，交流发电机发出应用于工业生产、生活的交流电的频率都是 50Hz，习惯上称为"工频"，周期为 0.02s。

正弦交流电每秒钟内变化的电角度称为交流电的角频率 ω，单位是弧度/秒（rad/s）。正弦交流电经历一个周期 T，变化了 2π 弧度。

角频率和周期、频率有如下关系：

$$\omega = \frac{2\pi}{T} = 2\pi f \tag{7-23}$$

式中：T、f 和 ω 的单位分别为秒（s）、赫兹（Hz）和弧度/秒（rad/s）。我国工频电的角频率为 314rad/s。

3. 三相交流电路

三相交流电就是三个频率相同、电动势最大值相等，而相位互差 120° 的正弦交流电。

三相交流电的发电机的转子为一个磁铁，当它以匀角速度旋转时，每一个定子线圈都会产生交变电动势，且三个线圈产生的交变电动势的幅值和频率都相同，相位彼此差 120°，如图 7-7 所示。

目前，我国生产、配送的都是三相交流电。三相交流电有很

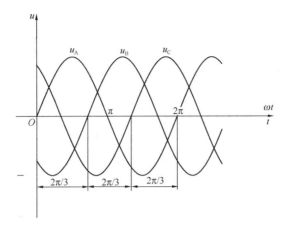

图 7-7　对称三相电压波形图

多优越性，比如使用三相交流电的电动机、发电机节能节材、维护方便。

　　工业上用的三相交流电，大多数来自三相变压器，也有直接来自三相交流发电机的，但对于负载来说，它们都是三相交流电源。

　　在采用低电压供电时，多采用三相四线制，对三相交流电源的三个线圈采用星形（Y形）接法，即把三个线圈的末端 X、Y、Z 连接在一起，成为三个线圈的公用点，通常称它为中点或零点，并用字母 O 表示。供电时，引出四根线：从中点 O 引出的导线称为中性线或零线；从三个线圈的首端引出的三根导线称为 A 相、B 相、C 相，统称为相线。在星形接线中，如果中性线与大地相连，则中性线也称为零线。我们常见的三相四线制供电设备中引出的四根线，就是三根相线和一根零线。

　　每根相线与零线间的电压叫相电压，其有效值用 U_A、U_B、U_C 表示；相线间的电压叫线电压，其有效值用 U_{AB}、U_{BC}、U_{CA} 表示。由于三相交流电源的三个线圈产生的交流电压相位相差 120°，所以三个线圈作星形连接时，线电压等于相电压的 $\sqrt{3}$ 倍。

67

我们通常讲的电压220V、380V，就是指三相四线制供电时的相电压和线电压。

在日常生活中，我们接触的负载，如电灯、电视机、电冰箱、电风扇等家用电器及单相电动机，它们工作时都是用两根导线接到电路中，属于单相负载。在三相四线制供电时，多个单相负载应尽量均衡地分别接到三相电路中去，而不应把它们集中在三相电路中的一相电路里。如果三相电路中的每一相所接的负载的阻抗和性质都相同，就说明三相电路中负载是对称的。在负载对称的条件下，由于各相电流间的相位彼此相差120°，所以，在每一时刻流过零线的电流之和为零，把中线去掉，用三相三线制供电也是可以的。但实际上，多个单相负载接到三相电路中构成的三相负载不可能完全对称，在这种情况下零线就显得特别重要，而不是可有可无。有了零线，每一相负载两端的电压总等于电源的相电压，不会因负载的不对称和负载的变化而变化，就如同电源的每一相单独对每一相的负载供电一样，各负载都能正常工作。若是在负载不对称的情况下又没有中线，就会形成不对称负载的三相三线制供电。由于负载阻抗的不对称，相电流也不对称，负载相电压也自然不能对称。在三相四线制供电的线路中，零线起到保证负载相电压对称不变的作用。对于不对称的三相负载，零线不能去掉，不能在零线上安装保险丝或开关，而且要用机械强度较好的钢线作零线。

4. 电路的参数

电阻 R、电感 L 和电容 C 是电路的三个参数。虽然，一般电路都具有这三个参数，但是在电路的某一段可能只有一个或两个参数起主要作用，而其余参数的作用可以忽略不计。例如，可以认为白炽灯和电阻炉只具有电阻的作用，是电阻元件；空载时的变压器主要具有电感的作用，是电感元件；而电容器只具有电容的作用，是电容元件。电流对这三种元件所起的效应并不相同。电阻元件中通过电流要发热，是耗能元件；电感元件中通过电流要产生磁场而储存磁场能量，是储能元件；电容元件上加了电压要产生电场而储存电场能量，也是储能元件。

在直流电路和交流电路中所发生的现象有着显著的不同。在直流电路中，当所加电压和电路参数不变时，电路中的电流、功率以及电场和磁场中所储存的能量也都不变化。但是在交流电路中则不然，由于所加电压是随时间而变化的，因此电路中的电流、功率以及电场和磁场中所储存的能量也都是随时间而变化的。所以，在交流电路中，电感元件中的感应电动势和电容元件中的电流均不等于零，但在直流电路稳定状态下，电感元件可视作短路，电容元件可视作开路。

电路所具有的参数不同，其性质就不同，其中能量的转换关系也就不同。

5. 功率因数

在计算交流电路的平均功率时，还要考虑电压与电流间的相位差 ϕ，其关系如下所示：

$$P = UI\cos\phi \qquad\qquad (7\text{-}24)$$

上式中的 $\cos\phi$ 是电路的功率因数，介于 0 与 1 之间。

当电压与电流之间有相位差时，即功率因数不等于 1 时，电路中发生能量互换，出现无功功率 $Q = UI\sin\phi$。

提高电网的功率因数对国民经济的发展有着极为重要的意义。功率因数的提高，能使发电设备的容量得到充分利用，同时也能节约大量电能，也就是说，在发电设备相同的条件下能够多发电。

功率因数不高，根本原因是电感性负载的存在。例如，生产中最常用的异步电动机在额定负载时的功率因数为 $0.7 \sim 0.9$，在轻载时其功率因数就会变得较低。其他如工频炉、电焊变压器以及日光灯等负载的功率因数也都是较低的。

电感性负载的功率因数之所以小于 1，是由于负载本身需要一定的无功功率。从技术经济观点出发，如何解决这个矛盾，也就是如何才能减少电源与负载之间能量的互换，而又使电感性负载能取得所需要的无功功率，是我们所提出的要提高功率因数的实际意义。

按照供用电规则，高压供电的工业企业的平均功率因数不应低于 0.9，其他单位不应低于 0.85。

提高功率因数常用的方法是与电感性负载并联静电电容器。

第三节 常用电气元器件的构造和作用

1. 低压断路器

低压断路器（图 7-8）又称空气开关或自动空气开关，简称断路器，是一种不仅可以接通和分断正常负荷电流和过负荷电流，还可以接通和切断短路电流的开关电器。低压断路器在电路中除起控制作用外，还具有一定的保护功能，如过负荷保护、短路保护、欠压保护和剩余电流保护等。低压断路器的分类方式很多，按使用类别分为选择型（保护装置参数可调）和非选择型（保护装置参数不可调）；按灭弧介质分为空气式（国产多为空气式）和真空式。低压断路器容量的范围很大，最小为 4A，而最大可达 5000A。低压断路器广泛应用于低压配电系统各级馈出线以及各种机械设备的电源和用电终端的控制和保护。

图 7-8 低压断路器

低压断路器的工作原理：低压断路器的主触点是靠手动操作或电动合闸的。主触点闭合后，自由脱扣机构将主触点锁在合闸位置上。过电流脱扣器的线圈和热脱扣器的热元件与主电路串联，欠电压脱扣器的线圈和电源并联。当电路发生短路时，过电流脱扣器的衔铁吸合，使自由脱扣机构动作，主触点断开主电路。当电路过载时，热脱扣器的热元件发热使双金属片上弯曲，推动自由脱扣机构动作，主触点断开主电路。当电路欠电压时，欠电压脱扣器的衔铁释放，使自由脱扣机构动作，主触点断开主电路。当按下分励脱扣按钮时，分励脱扣器衔铁吸合，使自由脱扣机构动作，主触点断开主电路。

2. 交流接触器

交流接触器（图 7-9）的主要作用是用来频繁接通和分断带有负载的主电路或大容量的控制电路。

交流接触器主要由四部分组成：

（1）电磁系统：包括吸引线圈、动铁芯和静铁芯。

（2）触头系统：包括三组主触头和一至两组常开、常闭辅助触头。触头和动铁芯是连在一起互相联动的。

图 7-9　交流接触器

（3）灭弧装置：一般容量较大的交流接触器都设有灭弧装置，以便能迅速切断电弧，免于主触头被烧坏。

（4）绝缘外壳及附件：包括各种弹簧、传动机构、接线柱等。

交流接触器工作原理：当线圈通电时，静铁芯产生电磁吸力，将动铁芯吸合，由于触头系统是与动铁芯联动的，因此动铁芯带动三条动触片同时运行，触点闭合，从而接通电源。当线圈断电时，吸力消失，动铁芯联动部分依靠弹簧的反作用力而分离，使主触头断开，切断电源。

交流接触器是接触器的一种，其典型结构分为双断点直动式和单断路转动式。交流接触器与继电控制回路组合，可远控或联锁相关电气设备。

3. 热继电器

热继电器（图 7-10）是用于电动机或其他电气设备、电气线路过载保护的保护电器。

图 7-10　热继电器

电动机在实际运行中，如拖动生产机械进行工作，当机械运转不正常或电路异常使电动机遇到过载时，则电动机的转速将会下降，绕组中的电流将会增大，使电动机的绕组温度升高。若过载电流不大且过载的时间较短，电动机绕组不超过允许温升，这种过载是允许的。但若过载时间长、过载电流大，电动机绕组的温升就会超过允许值，将会使电动机绕组老化，缩短电动机的使用寿命，严重时甚至会使电动机绕组烧毁。所以，这种过载是不允许的。热继电器就是利用电流的热效应原理，在出现电动机不能承受的过载时切断电动机电源，为电动机提供过载保护。

热继电器工作原理：热继电器是应用电流热效应原理，以电工热敏双金属片作为敏感元件的过载继电器。所谓电工热敏双金属片，是由两种线膨胀系数相差较大的合金加热轧制而成的，受热时，双金属片由高膨胀层（主动层）向低膨胀层（被动层）弯曲。当电流过大（超过整定值）时，敏感元件因"热"而动作，从而对异步电动机进行过载保护。其原理是过载电流通过热元件后，使双金属片加热弯曲去推动动作机构来带动触点动作，从而起到过载保护的作用。由于双金属片受热弯曲过程中，热量的传递需要较长的时间，因此，热继电器不能用作短路保护，只能用作负载过载保护。

4. 中间继电器

中间继电器（图 7-11）主要用于继电保护与自动控制系统中传递中间信号，以增加触点的数量及容量。

中间继电器的结构和原理与交流接触器基本相同，与接触器的主要区别在于：交流接触器的主触头可以通过大电流，而中间继电器的触头只能通过小电流。所以，中间继电器只能用于控制电路中。中间继电器因其过载能力较小，所以一般没有主触点，用的都是辅助触头，而且数量也比较多。

图 7-11　中间继电器

电路一般分为主电路和控制电路两部分，中间继电器主要用于控制电路，交流接触器主要用于主电路；通过中间继电器可实现用一路控制信号控制另一路或几路信号的功能，完成启动、停止、联动等控制，其主要控制对象是交流接触器；交流接触器的触头比较大，承载能力强，可通过它来实现从弱电到强电的控制，其控制对象是负载电器。

中间继电器的组成部分和交流接触器一样，都是由固定铁芯、动铁芯、弹簧、动触点、静触点、线圈、接线端子和外壳组成。

中间继电器的工作原理：线圈通电，动铁芯在电磁力作用下动作吸合，带动动触点动作，使常闭触点分开，常开触点闭合；线圈断电，动铁芯在弹簧的作用下带动动触点复位。继电器的工作原理是当某一输入量（如电压、电流、温度、速度、压力等）达到预定数值时，使它动作，以改变控制电路的工作状态，从而实现既定的控制或达到保护的目的。在此过程中，中间继电器主要起传递信号的作用。

第四节　三相异步电动机的分类、构造和维护保养

1. 三相异步电动机的分类

（1）按三相异步电动机的转子结构形式可分为鼠笼式电动机和绕线式电动机。

（2）按三相异步电动机的防护形式可分为开启式三相异步电动机（IP11）、防护式三相异步电动机（IP22 及 IP23）、封闭式三相异步电动机（IP44）、防爆式三相异步电动机（YB 及 BJO2）。

1）开启式三相异步电动机（IP11）：价格便宜，散热条件最好。由于其转子和绕组暴露在空气中，所以只适用于干燥、灰尘很少又无腐蚀性和爆炸性气体的环境。

2）防护式三相异步电动机（IP22 及 IP23）：通风散热条件也较好，可防止水滴、铁屑等外界杂物落入电动机内部，但只适用于较干燥且灰尘不多又无腐蚀性和爆炸性气体的环境。

3）封闭式三相异步电动机（IP44）：适用于潮湿、多尘，易受风雨侵蚀，有腐蚀性气体等较恶劣的工作环境，其应用最普遍。

4）防爆式三相异步电动机（YB 及 BJO2）：其具有坚硬的密封外壳，即使爆炸性气体浸入电动机内部发生爆炸，机壳也不会爆炸，可防止事故扩大。适用于有爆炸性气体和粉尘的场所。

（3）按三相异步电动机的通风冷却方式可分为自冷式三相异步电动机、自扇冷式三相异步电动机、他扇冷式三相异步电动机、管道通风式三相异步电动机。

（4）按三相异步电动机的安装结构形式可分为卧式三相异步电动机、立式三相异步电动机、带底脚三相异步电动机、带凸缘三相异步电动机。

（5）按三相异步电动机的绝缘等级可分为 E 级、B 级、F

级、H 级三相异步电动机。

（6）按三相异步电动机工作定额可分为连续三相异步电动机、断续三相异步电动机、间歇三相异步电动机。

2. 三相异步电动机的铭牌和技术参数

（1）型号

例如，三相异步电动机型号为 Y-112M-4，其相关字母和数字所表示的含义如下：

Y——异步电动机。

112——中心高度（mm）。

M——机座类别（L 表示长机座、M 表示中机座、S 表示短机座）。

4——磁极数。

（2）额定功率是指电动机在额定运行状态下运行时电动机轴上输出的机械功率，单位为 W 或 kW。

（3）额定电压是指电动机在额定运行状态下运行时定子绕组所加的线电压，单位为 V 或 kV。

一般规定电动机的电压不应高于或低于额定值的 5%。如三相定子绕组有两种接法时，对应就标有两种相应的额定电压值。

（4）额定电流是指电动机加额定电压、输出额定功率时，流入定子绕组中的线电流，单位为 A。由于定子绕组的连接方式不同，额定电压不同，电动机的额定电流也不同。例如，一台额定功率为 10kW 的三相异步电动机，其绕组做三角形连接时，额定电压为 220V，额定电流为 68A；其绕组做星形连接时，额定电压为 380V，额定电流为 39A。也就是说，在铭牌上会标明：接法—三角形/星形；额定电压—220/380V；额定电流—68/39A。

（5）额定转速是指电动机在额定运行状态下运行时转子的转速，单位为 r/min。

（6）额定频率：规定工频为 50Hz。

（7）额定功率因数是指电动机在额定运行状态下运行时定子边的功率因数。

（8）接法是指电动机在额定电压下定子绕组的接线方式。一般有星形和三角形两种接法，星形接线时，绕组所能承受的电压是三角形接线时的$1/\sqrt{3}$，因此必须按铭牌规定的接线方式接线。否则，电动机将烧毁。

（9）防护等级是指电动机外壳防尘、防湿气、防水、防外物浸入的等级。

（10）绝缘等级是指根据绕组所用的绝缘材料，按照它的允许耐热程度规定的等级。中小型异步电动机的绝缘等级有 A、E、B、F 和 H 级。电动机的工作温度主要受绝缘材料的限制。若工作温度超出绝缘材料所允许的温度，绝缘材料就会迅速老化，其使用寿命将大大缩短。修理电动机时，所选用的绝缘材料应符合铭牌规定的绝缘等级。

（11）温升是指电动机长期连续运行时的工作温度比周围环境温度高出的数值。我国规定周围环境的最高温度为 40℃。例如，若电动机的允许温升为 65℃，则其允许的工作温度为 65＋40＝105℃。电动机的允许温升与所用绝缘材料等级有关。电动机运行中的温升对绝缘材料的使用寿命影响很大，理论分析表明，电动机运行中绝缘材料的温度比额定温度每升高 8℃，其使用寿命将缩短一半。

（12）工作定额是指电动机的工作方式，即在规定的工作条件下运行的持续时间或工作周期。电动机运行情况，根据发热条件可分为三种基本运行方式：连续运行、短时运行和断续运行。

连续运行——按铭牌上规定的功率长期运行，如水泵、通风机和机床设备上电动机的使用方式都是连续运行方式。

短时运行——每次只允许在规定的时间内按额定功率运行，而且再次起动之前应有符合规定的足够停机冷却时间。

断续运行——电动机以间歇方式运行，如吊车和起重机等设备上用的电动机就是采用断续运行方式。

（13）额定效率：对电动机而言，输入功率与输出功率不等，其差值等于电动机本身损耗功率，包括铜损、铁损和机械损耗等。效率是指输出功率与输入功率的比值，即通常为 75%～92%。效率越高，电动机的损耗越小。

（14）转子电压是指绕线式异步电动机的定子绕组加有额定电压时，转子不转动时两个滑环间的电压。

（15）转子电流是指绕线式异步电动机在额定功率使用时通过转子线圈的电流。

（16）起动电流是指电动机在起动瞬间的电流，常用它与额定电流之比的倍数来表示。异步电动机的起动电流一般是额定电流的 4～7 倍。

（17）起动转矩是指电动机起动时的输出转矩，常用它与额定转矩之比的倍数来表示，一般是额定转矩的 1～1.8 倍。

（18）重量是指电动机本身的重量，以供起重搬运时参考。

3. 三相异步电动机的结构

三相异步电动机的种类很多，但各类三相异步电动机的基本结构是相同的，它们都由定子和转子这两大基本部分组成，且在定子和转子之间具有一定的气隙。此外，还有端盖、轴承、接线盒、吊环等其他附件（图 7-12）。

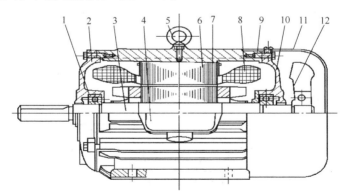

图 7-12 三相笼型异步电动机结构图

1—轴承；2—前端盖；3—转轴；4—接线盒；5—吊环；6—定子铁芯；
7—转子；8—定子绕组；9—机座；10—后端盖；11—风罩；12—风扇

（1）定子部分

定子是用来产生旋转磁场的。三相异步电动机的定子一般由外壳、定子铁芯、定子绕组等部分组成。

1）外壳

三相异步电动机外壳包括机座、端盖、轴承盖、接线盒及吊环等部件。

机座是用铸铁或铸钢浇铸成型，它的作用是保护和固定三相异步电动机的定子绕组。中、小型三相异步电动机的机座还有两个端盖支承着转子，它是三相异步电动机机械结构的重要组成部分。通常，机座的外表要求散热性能好，所以一般都铸有散热片。

端盖是用铸铁或铸钢浇铸成型，它的作用是把转子固定在定子内腔中心，使转子能够在定子中均匀地旋转。

轴承盖也是铸铁或铸钢浇铸成型的，它的作用是固定转子，使转子不能轴向移动，另外还起存放润滑油和保护轴承的作用。

接线盒一般是用铸铁浇铸，其作用是保护和固定绕组的引出线端子。

吊环一般是用铸钢制造，安装在机座的上端，用来起吊、搬抬三相异步电动机。

2）定子铁芯

三相异步电动机定子铁芯是电动机磁路的一部分，由 0.35～0.5mm 厚表面涂有绝缘漆的薄硅钢片叠压而成，如图 7-13 所

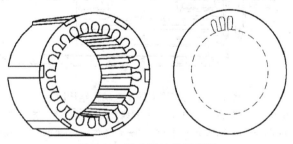

图 7-13 铁芯及冲片示意图

示。由于硅钢片较薄，而且片与片之间是绝缘的，所以减少了由于交变磁通通过而引起的铁芯涡流损耗。铁芯内圆有均匀分布的槽口，用来嵌放定子绕圈。

3）定子绕组

定子绕组是三相异步电动机的电路部分。三相异步电动机有三相绕组，通入三相对称电流时，就会产生旋转磁场。三相绕组由三个彼此独立的绕组组成，且每个绕组又由若干线圈连接而成。每个绕组即为一相，每个绕组在空间相差 $120°$ 电角度。线圈由绝缘铜导线或绝缘铝导线绕制。中、小型三相异步电动机多采用圆漆包线，大、中型三相异步电动机的定子线圈则用较大截面的绝缘扁铜线或扁铝线绕制后，再按一定规律嵌入定子铁芯槽内。定子三相绕组的六个出线端都引至接线盒上，首端分别标为 U_1、V_1、W_1，末端分别标为 U_2、V_2、W_2。这六个出线端在接线盒里的排列如图 7-14 所示，可以接成星形或三角形。

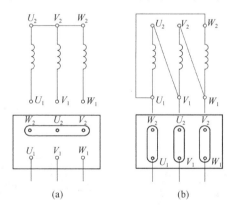

图 7-14　定子绕组的连接

（a）星形连接；（b）三角形连接

（2）转子部分

1）转子铁芯

转子铁芯是用 0.5mm 厚的硅钢片叠压而成的，套在转轴上，作用和定子铁芯相同，一方面作为电动机磁路的一部分，另一方面用来安放转子绕组。

2）转子绕组

三相异步电动机的转子绕组分为绕线型与笼型两种，由此可将其分为绕线型转子异步电动机与笼型异步电动机。

① 绕线型绕组：与定子绕组一样也是一个三相绕组，一般接成星形，三相引出线分别接到转轴上的三个与转轴绝缘的集电环上，通过电刷装置与外电路相连，这就有可能在转子电路中串接电阻或电动势，以改善电动机的运行性能，如图 7-15 所示。

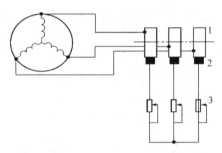

图 7-15　绕线型转子与外加变阻器的连接

1—集电环；2—电刷；3—变阻器

② 笼型绕组：在转子铁芯的每一个槽中插入一根铜条，在铜条两端各用一个铜环（称为端环）把导条连接起来，称为铜排转子，如图 7-16（a）所示。也可用铸铝的方法，把转子导条和

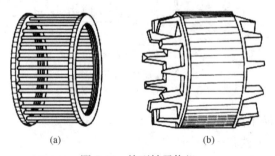

(a) 　　　　　　 (b)

图 7-16　笼型转子绕组

(a) 铜排转子；(b) 铸铝转子

端环风扇叶片用铝液一次浇铸而成，称为铸铝转子，如图7-16（b）所示。100kW 以下的三相异步电动机一般采用铸铝转子。

（3）其他部分

其他部分包括端盖、风扇等。端盖除了起防护作用外，在端盖上还装有轴承，用以支撑转子轴。风扇则用来通风冷却电动机。三相异步电动机的定子与转子之间的空气隙，一般仅为0.2～1.5mm。空气隙太大，电动机运行时的功率因数降低；空气隙太小，使装配困难，运行不可靠，高次谐波磁场增强，从而使附加损耗增加，使启动性能变差。

4. 维修保养

三相异步电动机应用广泛，但长期运行后，会发生各种故障，及时判断故障原因，进行相应处理，是防止故障扩大，保证设备正常运行的一项重要工作。

（1）通电后电动机不能转动，但无异响，也无异味和冒烟。

1）故障原因

① 电源未通（至少两相未通）。

② 熔丝熔断（至少两相熔断）。

③ 过流继电器调得过小。

④ 控制设备接线错误。

2）故障排除

① 检查电源回路开关，熔丝、接线盒处是否有断点，予以修复。

② 检查熔丝型号、熔断原因，换新熔丝。

③ 调节继电器整定值与电动机配合。

④ 改正接线。

（2）通电后电动机不转，然后熔丝烧断。

1）故障原因

① 缺一相电源，或定子线圈一相反接。

② 定子绕组相间短路。

③ 定子绕组接地。

④ 定子绕组接线错误。

⑤ 熔丝截面过小。

⑥ 电源线短路或接地。

2）故障排除

① 检查刀闸是否有一相未合好，或电源回路有一相断线；消除反接故障。

② 查出短路点，予以修复。

③ 消除接地。

④ 查出误接，予以更正。

⑤ 更换熔丝。

⑥ 消除接地点。

（3）通电后电动机不转，有嗡嗡声。

1）故障原因

① 定、转子绕组有断路（一相断线）或电源一相失电。

② 绕组引出线始末端接错或绕组内部接反。

③ 电源回路接点松动，接触电阻大。

④ 电动机负载过大或转子卡住。

⑤ 电源电压过低。

⑥ 小型电动机装配太紧或轴承内油脂过硬。

⑦ 轴承卡住。

2）故障排除

① 查明断点，予以修复。

② 检查绕组极性；判断绕组末端是否正确。

③ 紧固松动的接线螺栓，用万用表判断各接头是否假接，予以修复。

④ 减载或查出并消除机械故障。

⑤ 检查是否把规定的"△接法"误接为"Y接法"；检查是否由于电源导线过细使压降过大，并予以纠正。

⑥ 重新装配使之灵活，更换合格油脂。

⑦ 修复轴承。

（4）电动机起动困难，额定负载时，电动机转速低于额定转速较多。

1）故障原因

① 电源电压过低。

②"△接法"电机误接为"Y接法"。

③ 笼型转子开焊或断裂。

④ 定转子局部线圈错接、接反。

⑤ 修复电机绕组时增加匝数过多。

⑥ 电机过载。

2）故障排除

① 测量电源电压，设法改善。

② 纠正接法。

③ 检查开焊和断点并修复。

④ 查出误接处，予以改正。

⑤ 恢复正确匝数。

⑥ 减载。

（5）电动机空载电流不平衡，三相相差大。

1）故障原因

① 重绕时，定子三相绕组匝数不相等。

② 绕组首尾端接错。

③ 电源电压不平衡。

④ 绕组存在匝间短路、线圈反接等故障。

2）故障排除

① 重新绕制定子绕组。

② 检查并纠正。

③ 测量电源电压，设法消除不平衡。

④ 消除绕组故障。

（6）电动机空载、过负载时，电流表指针不稳，摆动。

1）故障原因

① 笼型转子导条开焊或断条。

② 绕线型转子故障（一相断路）或电刷、集电环短路装置接触不良。

2）故障排除

① 查出断条并予以修复或更换转子。

② 检查绕转子回路并加以修复。

（7）电动机空载电流平衡，但数值大。

1）故障原因

① 修复时，定子绕组匝数减少过多。

② 电源电压过高。

③"Y 接法"电动机误接为"△接法"。

④ 电机装配中，转子装反，使定子铁芯未对齐，有效长度减短。

⑤ 气隙过大或不均匀。

⑥ 大修拆除旧绕组时，使用热拆法不当，使铁芯烧损。

2）故障排除

① 重绕定子绕组，恢复正确匝数。

② 设法恢复额定电压。

③ 改接为"Y 接法"。

④ 重新装配。

⑤ 更换新转子或调整气隙。

⑥ 检修铁芯或重新计算绕组，适当增加匝数。

（8）电动机运行时响声不正常，有异响。

1）故障原因

① 转子与定子绝缘纸或槽楔相擦。

② 轴承磨损或油内有砂粒等异物。

③ 定转子铁芯松动。

④ 轴承缺油。

⑤ 风道填塞或风扇擦风罩。

⑥ 定、转子铁芯相擦。

⑦ 电源电压过高或不平衡。

⑧ 定子绕组错接或短路。

2）故障排除

① 修剪绝缘，削低槽楔。

② 更换轴承或清洗轴承。

③ 检修定、转子铁芯。

④ 轴承加油。

⑤ 清理风道；重新安装。

⑥ 消除擦痕，必要时转子作机加工。

⑦ 检查并调整电源电压。

⑧ 消除定子绕组故障。

（9）运行中电动机振动较大。

1）故障原因

① 磨损轴承间隙过大。

② 气隙不均匀。

③ 转子不平衡。

④ 转轴弯曲。

⑤ 铁芯变形或松动。

⑥ 联轴器（皮带轮）中心未校正。

⑦ 风扇不平衡。

⑧ 机壳或基础强度不够。

⑨ 电动机地脚螺栓松动。

⑩ 笼型转子开焊断路；绕线转子断路；加定子绕组故障。

2）故障排除

① 检修轴承，必要时更换。

② 调整气隙，使之均匀。

③ 校正转子动平衡。

④ 校直转轴。

⑤ 校正重叠铁芯。

⑥ 联轴器（皮带轮）重新校正，使之符合规定。

⑦ 检修风扇，校正平衡，纠正其几何形状。

⑧ 进行基础加固。

⑨ 紧固地脚螺丝。

⑩ 修复转子绕组；修复定子绕组。

（10）轴承过热。

1）故障原因

① 润滑脂过多或过少。

② 油质不好，含有杂质。

③ 轴承与轴颈或端盖配合不当（过松或过紧）。

④ 轴承内孔偏心，与轴相擦。

⑤ 电动机端盖或轴承盖未装平。

⑥ 电动机与负载间联轴器未校正，或皮带过紧。

⑦ 轴承间隙过大或过小。

⑧ 电动机轴弯曲。

2）故障排除

① 按规定加润滑脂（容积的 $1/3 \sim 2/3$）。

② 更换清洁的润滑脂。

③ 过松可用胶粘剂修复，过紧应车，磨轴颈或端盖内孔，使之适合。

④ 修理轴承盖，消除擦点。

⑤ 重新装配。

⑥ 重新校正，调整皮带张力。

⑦ 更换新轴承。

⑧ 校正电动机轴或更换转子。

（11）电动机过热甚至冒烟。

1）故障原因

① 电源电压过高，使铁芯过热。

② 电源电压过低，电动机又带额定负载运行，电流过大使绕组发热。

③ 修理拆除绕组时，采用热拆法不当，烧伤铁芯。

④ 定、转子铁芯相擦。

⑤ 电动机过载或频繁启动。

⑥ 笼型转子断条。

⑦ 电动机两相运行，缺相。

⑧ 重绕后定子绕组浸漆不充分。

⑨ 环境温度高，电动机表面污垢多，或通风道堵塞。

⑩ 电动机风扇故障，通风不良；定子绕组故障（相间、匝间短路；定子绕组内部连接错误）。

2）故障排除

① 降低电源电压（如调整供电变压器分接头），若是电机"Y""△"接法错误引起，则应改正接法。

② 提高电源电压或换粗供电导线。

③ 检修铁芯，排除故障。

④ 消除擦点（调整气隙或挫、车转子）。

⑤ 电动机减载，按规定次数控制启动。

⑥ 检查并消除转子绕组故障。

⑦ 电动机恢复三相运行。

⑧ 采用二次浸漆及真空浸漆工艺。

⑨ 清洗电动机，改善环境温度，采取降温措施。

⑩ 检查并修复风扇，必要时更换；检修定子绕组，消除故障。

检修或重绕三相异步电动机三相绕组的六条引出线，头、尾必须分清，否则在接线盒内无法正确接线。按规定，六条引出线的头、尾分别用 U_1，V_1，W_1，U_2，V_2，W_2 标注标号（旧标号为 D_1，D_4，D_2，D_5，D_3，D_6）。其中 U_1、U_2 表示第一相绕组的头、尾端；V_1、V_2 表示第二相绕组的头、尾端；W_1、W_2 表示第三相绕组的头、尾端。不同字母表示不同相别，相同数字表示同为头或尾。检修电动机时，如果六条引线上标号完整，只有接线盒内接线板损坏，可按电动机铭牌上规定的接法更换接线板，正确接线即可。

第八章 施工现场电气安全

建筑施工现场使用的机械设备中，绝大部分都是以电作为能源的。随着机械化施工水平的提高，为了在建筑施工现场做到安全用电，专业电工必须掌握电的一些基本规律和基本特性，对安全用电的知识进行全面了解，这样才能在安装和使用电气设备过程中，防止发生人身伤亡事故、电气火灾和设备事故。

为保证建筑施工现场电气安全，《施工现场临时用电安全技术规范（附条文说明）》JGJ 46 总则规定：建筑施工现场临时用电工程专用的电源中性点直接接地的 220/380V 三相四线制低压电力系统，必须符合下列规定：

1. 采用三级配电系统。
2. 采用 TN-S 接零保护系统。
3. 采用二级剩余电流保护系统。

第一节 临时用电的保护系统

建筑施工现场的电气设备，由于使用条件恶劣且经常转移，加上手持电动工具大量使用，因而各种用电设备的绝缘易遭受损伤或老化，导致用电设备的金属外壳意外带电（即漏电），这种意外带电的用电设备称为意外带电体。如果人体触及意外带电体时，会发生触电事故，这种触电事故称为间接触电事故。在建筑施工现场，往往由于周围的环境、条件等影响，发生间接触电事故的概率比直接触电事故要大。所以，除了采取防止直接触电的安全技术措施外，还必须采取保护接地或保护接零、剩余电流保护装置、安全电压、双重绝缘等基本技术措施来防止发生间接触电事故。

1. 接地

所谓接地，就是将电气设备的某一可导电部分与大地之间用导体作电气连接，通常是用接地体与土壤相接触实现的。将金属导体或导体系统埋入地下土壤中，就构成一个接地体。在建筑施工现场，除专门埋设接地体外，也可以利用已有的各种金属构件、金属井管、钢筋混凝土建（构）筑物的基础、非燃性物质用的金属管道和设备等兼作接地体，而这类接地体称为自然接地体。用作连接电气设备和接地体的导体，称为接地线。接地装置包括接地体和接地线。

建筑施工现场的电气工程中，主要有以下四种接地方式：工作接地、防雷接地、保护接地和重复接地。

（1）工作接地

将电力变压器低压侧中性点直接接地的方式称为工作接地。工作接地在减轻故障接地的危险、稳定系统的电位等方面起着重要的作用。

1）减轻一相接地的危险性

如果低压三相供电网中，变压器低压中性点不接地，当发生一相接地时，如图 8-1 所示，接地的电流不大，设备仍能正常运转，但此故障能够长时间存在。当用电设备采用接零保护时，如

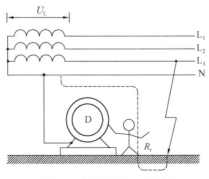

图 8-1　低压系统中一相接地

人体触及设备外壳，接地故障电流将通过人体和设备到零线构成回路，十分危险，极易发生触电事故。特别要指出的是，此时由该变压器供电的所有接零设备全部处于危险状态。同时，没有接地的两相对地电压显著升高，也大大地增加了触电危险性。如果变压器低压侧中性点采用直接接地（即工作接地），如图 8-2 所示，则上述危险可以减轻。

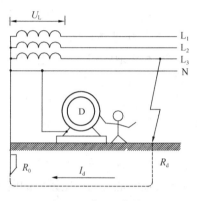

图 8-2 采用工作接地

2）稳定系统的电位

采用工作接地能稳定系统的电位，将系统对地电压限制在某一范围以内，同时也能减少高压窜入低压的危险。

工作接地的接地电阻应≤4Ω。

（2）防雷接地

防雷装置（如避雷针、避雷器、避雷线等）的接地，称为防雷接地。防雷接地的主要目的是在遭受雷击时，使雷电流通过防雷装置泄入大地。

施工现场所有防雷装置的冲击接地电阻值应≤30Ω。

（3）保护接地

保护接地是一种技术上的安全措施，应用范围很广。所谓保护接地，就是把在故障情况下可能呈现危险的对地电压的金属部件同大地紧密地连接起来，把故障设备的意外带电体的对地电压限制在一定的安全范围以内。

1）工作原理

如图 8-3 所示，在不接地的低压系统中，如果一相碰壳时，由于供电线路与大地之间存在电容、绝缘电阻，当人体触及带电外壳时，接地电流 I_d 通过人体和电网对地绝缘阻抗形成回路，会造成触电事故。如各相对地绝缘阻抗相等，运用电工学的方

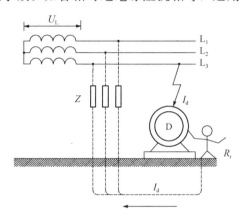

图 8-3　低压系统用电设备外壳带电
对人体的危害示意图

法，可以求出漏电设备对地电压：

$$U_d = \frac{3U_L R_r}{\mid 3R_r + Z \mid} \tag{8-1}$$

式中　U_L——电网的相电压，V；

U_d——漏电设备对地电压，V；

R_r——人体电阻，Ω；

Z——电网每相对地绝缘阻抗，Ω。

从式中可以看出，线路的对地绝缘电阻越小、对地电容越大，则电网对地绝缘阻抗越小，漏电设备的对地电压则越大，反之则对地电压越小。

当电网对地绝缘电阻正常时，漏电设备对地电压很低；但

是，当电网绝缘性能显著下降，或电网分布很广时，则漏电设备对地电压极可能上升到危险程度，人若触及则极易发生电击事故，因而必须采取如图 8-4 所示的保护接地措施。

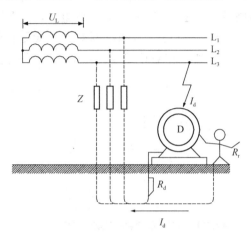

图 8-4　用电设备外壳采取保护接地示意图

采用保护接地后，由于接地电阻 R_d 大大小于人体电阻 R_r，因而漏电设备的对地电压大小，主要取决于接地电阻 R_d 的大小。漏电设备对地电压近似为：

$$U_d = \frac{3U_L R_d}{\mid 3R_d + Z \mid} \qquad (8\text{-}2)$$

式中　U_L——电网的相电压，V；

　　　U_d——漏电设备对地电压，V；

　　　R_d——接地电阻，Ω；

　　　Z——电网每相对地绝缘阻抗，Ω。

又因为 $R_d \leqslant Z$，所以漏电设备的对地电压大大降低。只要适当控制 R_d 的大小，即可将漏电设备的对地电压限制在安全范围以内。

例如，对于长度为 1km 的 380V 电缆电网，如人体电阻为 1500Ω，当人体触及漏电设备时，人体承受的电压约为 127V，通过人体的电流约为 84.5mA，这对人是很危险的。如果在这种情况下，采用了保护接地，接地电阻 $R_d = 4\Omega$，则人体承受的电压则降低为 0.415V，通过人体的电流降低为 0.277mA，对人无危害，显然是较为安全的。

在 220/380V 三相四线制变压器中心点直接接地的低压供电系统中，当设备只采用保护接地措施，如图 8-5 所示，当某相发生故障造成外壳带电，人体触及故障设备时，人体电阻 R_r 与保护接地装置接地电阻 R_d 将处于并联状态。

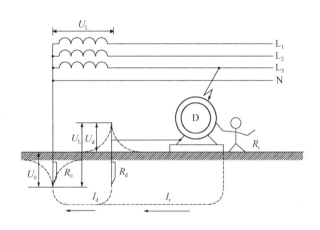

图 8-5　低压系统设备外壳带电对人体的危害示意图

其简化电路图如图 8-6 所示。图中：U_L 为低压电网相电压；U_d 为漏电设备对地电压；R_0、R_d、R_r 分别为变压器低压侧中性点接地电阻、保护接地装置接地电阻和人体电阻；I_d 为接地故障电流；I_r 为通过人体电流。此时人体承受的电压 U_r 即为保护接地装置接地电阻上的电压降。

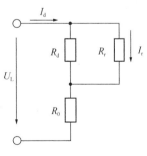

图 8-6　简化电路图

$$U_r = U_d = \frac{R_d R_r}{R_0 R_d + R_0 R_r + R_d R_r} U_L \qquad (8\text{-}3)$$

在一般状态下，人体电阻 R_r 远大于保护接地装置接地电阻 R_d 和变压器低压侧中性点接地电阻 R_0，因此上式可简化为：

$$U_r \approx \frac{R_d}{R_0 + R_d} U_L \quad U_r \approx \frac{4}{4+4} 220 = 110\text{V} \qquad (8\text{-}4)$$

建筑施工现场三相电力变压器二次侧相电压均为 220V，而规范规定变压器低压侧中性点接地电阻值、保护接地装置接地电阻值均不得大于 4Ω。如均按 4Ω 算，则可得：

$$I_d = \frac{U_L}{R_0 + R_d} = \frac{220}{4+4} = 27.5\text{A} \qquad (8\text{-}5)$$

由此可见，110V 电压（参见式 8-4）对人体存在很大的危险，所以说在 220/380V 三相四线制供电、变压器中性点直接接地的系统中对设备只采用保护接地，是很不安全的，必须同时采取一些其他安全技术措施，如安装剩余电流保护装置、操作时戴绝缘手套等。在 220/380V 三相四线制供电、变压器中性点直接接地的系统中为了防止发生间接触电事故，技术上普遍采取的安全措施是采用保护接零。

2）保护接地的适用范围

保护接地适用于不接地电网。在这种电网中，无论环境如何，凡是由于绝缘破坏或其他原因而可能呈现危险电压的金属部分，除另有规定外，都应采取保护接地措施。金属部分主要包括以下部分：

① 电机、变压器、开关设备、照明器具及其他电气设备的金属外壳、底座及与其相连的传动装置。

② 户内外配电装置的金属构架或钢筋混凝土构架，以及靠近带电部分的金属遮栏或围栏。

③ 配电屏、控制台、保护屏及配电柜（箱）的金属框架或外壳。

④ 电缆接头盒的金属外壳、电缆的金属外皮和配线的钢管。

⑤ 架空电力线路的金属杆塔和钢筋混凝土杆塔、互感器的

二次线圈等。

（4）重复接地

在保护接地系统中，为了防止三相负载不均匀，特别是零线断后使中心点飘移造成单相用电设备损坏，将零线多处通过接地装置与大地再次连接的措施称为重复接地。

重复接地的作用有：降低漏电设备对地电压；减少零线断线时的触电危险；缩短故障持续时间；改善架空线路的防雷性能；对稳定相电压也能起到一定作用。

2. 保护接零

建筑施工现场的临时供电系统，通常采用220/380V三相四线制变压器中性点直接接地的供电系统。为了防止触电事故发生，技术上普遍采取的安全措施是采用保护接零（简称接零）。

所谓保护接零，就是在正常情况下，把电气设备不带电的金属部分与供电系统的中性线（零线）作直接连接。

在220/380V三相四线制低压供电电网中，变压器中心点接地方式和设备采用的保护方式可分成以下几种，由字符表示如下：

　　□□　　　　：IT 或 TT

　　□□-□　　：TN-C 或 TN-S

　　□□-□-□　：TN-C-S

第一个字符表示三相电力变压器中心点对地关系：I表示不接地或经阻抗接地；T表示直接接地。

第二个字符表示用电设备外露导电部分采用的保护方式：T表示采用保护接地；N表示采用保护接零。

第三、四个字符表示在TN系统中工作零线N和保护零线PE按不同的分合状态可分成三种型式：

TN-C 系统：表示在220/380V三相四线制低压供电电网中，工作零线N和保护零线PE合二为一为NPE。

TN-C-S 系统：表示在220/380V三相四线制低压供电电网中，前部分工作零线N和保护零线PE未分开设置，而后部分工作零线 N 和保护零线 PE 分开设置。

TN-S 系统：表示在 220/380V 三相四线制低压供电电网中，工作零线 N 和保护零线 PE 从变压器工作接地线或变压器总配电房总零母排处分别引出。

（1）工作原理

在中性点直接接地的供电系统中，如果用电设备发生漏电故障，而同时对用电设备又未采取任何安全措施，此时触及设备的人体将承受 220V 的相电压，这对人体构成极大的危险，极易发生触电死亡事故。

当采用保护接零后，如图 8-7 所示，如用电设备发生某相带电部分与外壳碰连时，则通过设备外壳形成该相线对零线的单相短路，短路电流 I_d 能促使线路上的保护装置（如熔断器、自动空气断路器、剩余电流保护装置等）迅速动作，把故障部分的电源自动断开，从而降低发生触电事故的危险。

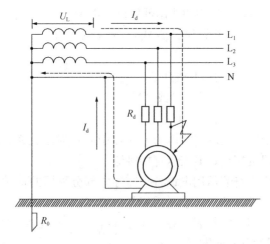

图 8-7　低压系统中保护接零工作原理图

应当指出，单纯的保护接零仍有不足之处。如图 8-8 所示，设备从发生碰壳短路到保护装置动作完毕、切断故障电源的短时间内，设备外壳是带电的，其对地电压 U_d，即短路电流在零线部分产生的电压降为：

$$U_d = U_L - I_d Z_x = \frac{U_L}{Z_X + Z_L} Z_L \qquad (8\text{-}6)$$

式中　I_d——单相短路电流，A；

　　　Z_L——零线阻抗，Ω；

　　　Z_X——相线阻抗；Ω；

　　　U_L——电网相电压，V；

　　　U_d——故障设备对地电压，V。

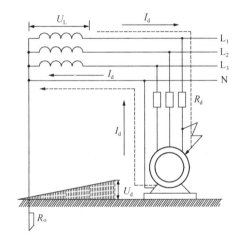

图 8-8　变压器中性点接地系统中
无重复接地的保护接零

零线阻抗越大，设备对地电压越高。一般情况下，这个电压
对人是危险的。

如果企图用降低零线阻抗的办法来使得故障设备对地电压不
大于安全电压是不现实的。假设要求设备对地电压 $U_d = 50$V，
则在 220/380V 系统中，零线阻抗必须小于相线阻抗的 30%，或
者说零线导电能力必须大于相线导电能力的 3.4 倍。这当然是很
不经济，也是不现实的。

实际情况是：零线线径一般是相线线径的 1/2（在电缆配线

中零线线径则有可能更小），所以，零线阻抗是相线阻抗的两倍。这时，如果发生碰壳短路。设备对地电压约为：

$$U_{\mathrm{d}} = \frac{Z_{\mathrm{L}}}{Z_{\mathrm{X}} + Z_{\mathrm{L}}} U_{\mathrm{L}} = \frac{2Z_{\mathrm{X}}}{Z_{\mathrm{X}} + 2Z_{\mathrm{X}}} U_{\mathrm{L}} = \frac{2}{3} U_{\mathrm{L}} = \frac{2}{3} 220 \approx 147\mathrm{V}$$

$$(8\text{-}7)$$

由此可见，在单纯采用保护接零的情况下，还是存在触电的危险。但故障设备对地危险电压存在只是短暂的，所以，保护接零不失为中性点直接接地的电力系统中一种有效的防止间接触电的安全技术措施。

在 220/380V 三相四线制、中性点直接接地的电力系统中，凡由于绝缘破坏或其他原因而可以呈现危险电压的金属部分，除另有规定者外，均应保护接零。

（2）TN-C 保护接零系统

在 220/380V 三相四线制低压供电电网中，当采用 TN-C 保护接零系统时，如图 8-9 所示，由于工作零线和保护零线合二为一未分开设置，因此，当有单相设备工作或三相负荷不平衡时，零线上有工作电流通过；如有设备发生故障使外壳带电时，零线中有单相短路电流通过，这时有可能产生危险对地电压。假如零线断裂，则后果更为严重，所有保护接零设备外壳都将带电，极

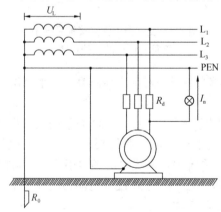

图 8-9　TN-C 保护接零系统

易发生触电事故。

在采用保护接零的低压中性点直接接地的 220/380V 的三相四线制供电电网中，将零线上的一处或多处通过接地装置与大地再次连接，称为重复接地。重复接地在保护接零的安全技术措施中起着重要作用，主要反映在以下几方面：

1) 降低漏电设备的对地电压

如设备故障使其外壳带电，将形成很大的单相短路电流，采用保护接零可以使得保护装置迅速动作，将故障电源自动断开，但如上所述，单纯采用保护接零时，在故障电源自动断开前瞬间，其外壳对地仍有 147V 的电压存在。如果采用了重复接地，如图 8-10 所示，按规定要求，重复接地电阻值 R_c 不大于 10Ω，则设备对地电压 U_d 为：

$$U_d = \frac{147}{4+10}10 = 105\text{V} \tag{8-8}$$

此时，设备外壳对地电压将降低到 105V。由此可见，重复接地对漏电设备的对地电压能起到降低的作用，虽然 105V 电压

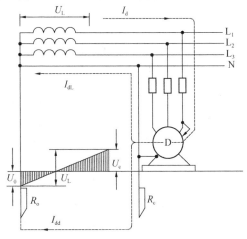

图 8-10　采用重复接地的保护接零

对人还有危险，但危险性相对减少了一些，况且此危险电压存在的时间是短暂的。

2）减轻零线断线的危险性

在没有重复接地的保护接零系统中，如果零干线在某处断裂，则断线后的设备发生漏电，故障电流将会通过触及故障设备的人体和大地构成回路，发生触电事故。由于人体电阻比工作接地电阻大得多，人体触及所有接零设备外壳时，将承受几乎全部的相电压，如图 8-11 所示。

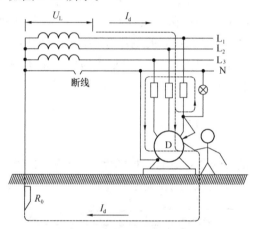

图 8-11　变压器中性点直接接地系统无
重复接地零线断线示意图

在 220/380V 三相四线中性点接地的供电系统中，当零线断线后，即使设备没有发生故障，由于三相负荷的不平衡，在零线上很有可能出现危险的对地电压，如果在零线断线后只有一相有负载在工作，则在断裂零线以后，所有接零设备外壳上也都将出现对地电压，这是属于接近于相电压的危险电压。

由此可见，零线断后，当人体触及设备金属外壳极易发生触电事故。当采用重复接地后，则情况有所改善。如图 8-12 所示，零线断线处两边的接零设备对地电压分别为：

① 零线断线处后保护接零设备外壳对地电压为：

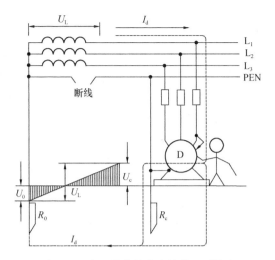

图 8-12　变压器中性点直接接地系统有
重复接地零线断线示意图

$$U_c = I_d R_c \qquad (8\text{-}9)$$

② 零线断线处前保护接零设备外壳对地电压为：

$$U_0 = I_d R_0 \qquad (8\text{-}10)$$

式中　U_c——断零线后保护接零设备外壳对地电压，V；

　　　U_0——断零线前保护接零设备外壳对地电压，V；

　　　R_c——重复接地电阻，Ω；

　　　R_0——工作接地电阻，Ω；

　　　I_d——接地故障电流，A。

U_0 和 U_c 之和为相电压，U_0 和 U_c 均小于相电压。

由于三相负载不均匀，零线上可能出现危险电压，采用重复接地后能降低或消除危险电压。

3）缩短故障的持续时间

重复接地和工作接地构成零线的并联分支，在发生单相短路时，能增加短路电流，而且线路越长，效果越显著，能加快保护装置动作，缩短故障的持续时间，即减少故障设备危险电压存在的时间。

重复接地的接地电阻值应≤10Ω。

当建筑施工现场由 220/380V 三相四线制低压电网供电时，如是采用 TN 保护接零系统，则必须重复接地，特别在建筑施工现场配电室或总配电箱处、架空线路的干线和分支的终端以及沿线每 1km 处、塔式起重机及轨道、外用电梯和井架等处。现行行业标准《施工现场临时用电安全技术规范（附条文说明）》JGJ 46 规定：每个建筑施工现场重复接地不得少于三处。重复接地线两端必须与保护零线 PE 和接地装置做电气连接，各配电柜（箱）内必须设保护接零排采用压接的方式做电气连接。每一接地装置的接地线应采用两根以上接地线，在不同点与接地装置做电气连接。接地体不得使用铝质材料或螺纹钢材。重复接地线宜采用铜导线，在接地线地下部分禁止采用铝导线。重复接地的接地电阻均应实测，必须合格后才能投入运行。

（3）TN-C-S 保护接零系统

当建筑施工现场临时用电由 220/380V 三相四线制低压电网供电时，由于受到供电条件的限制，建筑施工现场临时用电必须采用 TN-C-S 保护接零系统，如图 8-13 所示。

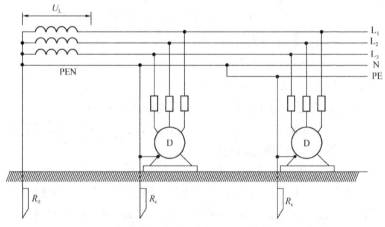

图 8-13　TN-C-S 保护接零系统

（4）TN-S 保护接零系统

建筑施工现场如设有专用三相电力变压器为其提供电源，工作零线 N 和保护零线 PE 从变压器工作接地线或变压器总配电房总零母排处分别引出，如图 8-14 所示。由此可见，工作零线和保护零线处于分开状态，相互独立工作、互不影响，当工作零线断裂后，只会影响断线后的单相用电设备，而不会在保护接零用电设备外壳上产生危险电压；当三相用电设备不平衡时，只会在

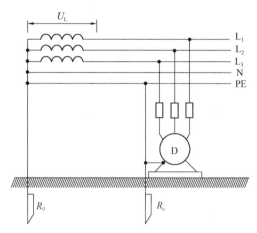

图 8-14　TN-S 保护接零系统

工作零线上产生电位差，而各用电设备外壳则通过保护零线 PE 与变压器中性点连接，仍将维持零电位，不会产生危险电压；同时，由于工作零线和保护零线分开后，可以安装多级电流型剩余电流保护装置，能实现多级分片保护。

（5）保护接零的适用范围

保护接零适用于低压中性点直接接地、电压为 220/380V 的三相四线制供电电网。除另有规定外，均应采用保护接零。

建筑施工现场临时用电与外电线路共同使用同一低压供电系统时，电气设备应根据当地的要求做保护接零或保护接地。在同一低压供电系统中，严禁一部分设备做保护接零，而另一部分设

备做保护接地。

应该采用保护接零的设备或部位与上述保护接地所列的项目大致相同。

3. 接地电阻

接地电阻的数值等于接地装置对地电压与通过接地体流入地中电流的比值。它包括接地体或自然接地体的对地电阻和接地线的电阻。

通过接地体流入地中冲击电流（雷击电流）求得的接地电阻，称为冲击接地电阻。

通过接地体流入大地中的工频电流求得的接地电阻，称为工频接地电阻。

（1）工频接地电阻与冲击接地电阻的换算

1）接地装置冲击接地电阻与工频接地电阻的换算应按下式确定：

$$R = AR_i \qquad (8\text{-}11)$$

式中 R——接地装置各支线的长度取值小于或等于接地体的有效长度 l_e，或者有支线大于 l 而取其等于 l_e 时的工频接地电阻，Ω；

A——换算系数，其数值宜按图 8-15 确定；

R_i——所要求的接地装置冲击接地电阻，Ω。

在图 8-15 中，l 为接地体最长支线的实际长度，当 $l > l_e$ 时，取 $l = l_e$。

2）接地体的有效长度应按下式确定：

$$l_e = 2\sqrt{\rho} \qquad (8\text{-}12)$$

式中 l_e——接地体的有效长度，应按图 8-16 计量，m；

ρ——敷设接地体处的土壤电阻率，$\Omega \cdot m$。

3）环绕建筑物的环形接地体应按以下方法确定冲击接地电阻：

① 当环形接地体周长的一半大于或等于接地体的有效长度 l_e 时，引下线的冲击接地电阻应为从与该引下线的连接点起沿两

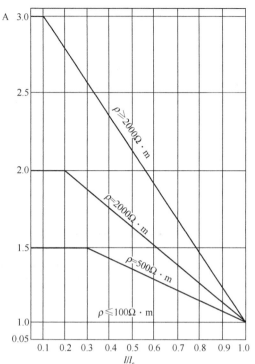

注：l为接地体最长支线的实际长度，其计量与l_e类同。
当它大于l_e时，取其等于l_e。

图 8-15　换算系数 A 与 l/l_e 的关系曲线

侧接地体各取 l_e 长度算出的工频接地电阻（换算系数 $A=1$）。

　　② 当环形接地体周长的一半小于 l_e 时，引下线的冲击接地电阻应为以接地体的实际长度算出的工频接地电阻再除以 A 值。

　　③ 与引下线连接的基础接地体，当其钢筋从与引下线的连接点量起大于 20m 时，其冲击接地电阻应为以换算系数 A 等于 1 和以该连接点为圆心、20m 为半径的半球体范围内的钢筋体的工频接地电阻。

　　（2）电气装置的接地电阻要求如下：

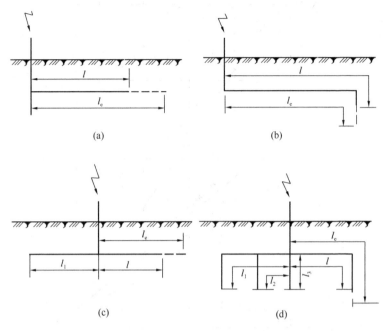

图 8-16 接地体有效长度的计量

（a）单根水平接地体；（b）末端接垂直接地体的单根水平接地体；

（c）多根水平接地体 $l_1 \leqslant l$；（d）接多根垂直接地体的多根水平接地体

$l_1 \leqslant l$、$l_2 \leqslant l$、$l_3 \leqslant l$

1）电力变压器或发电机的工作接地电阻值不得大于 4Ω；

2）单台容量不超过 $100kV \cdot A$ 的变压器或发电机的工作接地电阻值不得大于 10Ω。当土壤电阻率大于 $1000\Omega \cdot m$ 时，可允许的工作接地电阻值不得大于 30Ω，但应设置操作和维修电气装置的绝缘台；

3）保护零线每一重复接地装置的接地电阻值应不大于 10Ω；

4）发电机房贮油间防静电接地电阻不大于 10Ω。

4. 保护接零和保护接地的比较

（1）保护零线 PE 和工作零线 N 虽然都是零线，从变压器中性点引出，但其工作性质存在着本质上的差异。工作零线（N）为单相用电设备负载提供回路，在单相用电设备工作时是必不可少的。而保护零线（PE）在设备正常运行时是没有电流流过的，只有在设备发生故障外壳带电时，保护零线才有电流流过。其为故障设备和电源之间提供回路，产生单相短路电流，促使回路中保护装置如剩余电流保护器、自动空气断路器、熔断器等迅速动作，自动切断电源。在 TN-S 或 TN-C-S 保护接零系统中，保护零线和工作零线不能短接，如发生短接，则将改变系统性质，变成 TN-C 保护接零系统，增大了用电的危险性；同时回路中如有剩余电流保护器则将引起其误动作，影响供电的可靠性。

（2）在保护接地 TT 系统中，设备故障外壳带电时，由式 8-4 可知设备对地电压为 110V；在保护接零 TN 系统中，设备故障外壳带电、无重复接地时，由式 8-7 可知设备对地电压为 147V；有重复接地时，由式 8-8 可知设备对地电压为 105V。由此可见，在设备有故障时，在保护接地和保护接零系统中，故障设备外壳都会产生能危及人身安全的危险电压。

在保护接零 TT 系统中设备有故障外壳带电时，由式 8-5 可知，产生的单相短路电流为 27.5A。如没有采取其他保护措施，而用熔断器作短路保护时，只能对功率为 1.1kW 以下的三相电动机起作用，故障设备将长期带有危险电压。而在保护接零 TN 系统中，单相短路回路阻抗较小，可获得较大的短路电流，使回路中的保护装置迅速动作，切断故障电源，保护设备和人身安全。由此可见，TN 系统比 TT 系统安全。

（3）在保护接地 TT 系统中，各用电设备均须设置接地体，在土壤不良情况下，要打多根接地体才能满足接地电阻≤4Ω的要求，既费工又需大量有色金属，往往接地体如不能如数回收，造成有色金属的浪费。而在保护接零 TN 系统中，只需少量接地体将保护零线与被保护设备外壳紧密连接，同时保护零线可多次重复使用，维修和安装都十分方便。由此可见，保护接零在经济、安装、维修方面均优于保护接地。

5. 变配电设备的接地或接零保护

（1）户外箱式变电站和组合式成套变电站的进线宜采用电缆配线，电缆的金属外壳应与变配电设备的接地体连接。

（2）一般变配电设备的进线可采用架空配线或电缆配线，图 8-17 是其接地系统的平面示意图。变压器及低压配电设备的接地体处应同时引出工作零线和保护零线。

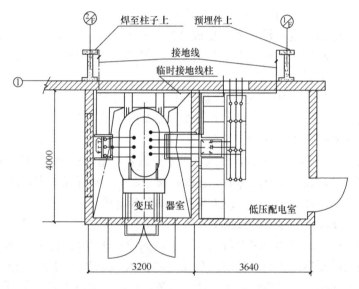

图 8-17　变配电设备的接地平面示意图

（3）变电站的进线若有零线，应将该零线与接地体相连接。

（4）高压配电设备的进线宜通过避雷器与接地体连接。

（5）采用 TT 保护系统的低压配电设备，其外壳和工作零线应与接地体相连接。采用 TN-S 保护系统的低压配电设备，其外壳应与工作零线、保护零线和接地体（重复接地体）相连接。

6. 电动机械和移动电气设备的接地（接零）保护

（1）采用 TT 保护的低压配电系统，电动机械和移动电气设备应分别就近与接地体相连接。

（2）采用 TN 保护的低压配电系统，电动机械和移动电气设备的外壳应与保护零线相连接。当末端开关箱设置重复接地时，末端开关箱的外壳应与保护零线和接地体（重复接地体）相连接。

综本节所述，保护接零 TN 系统在各方面都比保护接地 TT 系统优越。因此，《施工现场临时用电安全技术规范（附条文说明）》JGJ 46 中规定：在施工现场专用变压器的供电的 TN-S 接零保护系统中，电气设备的金属外壳必须与保护零线连接。保护零线应由工作接地线、配电室（总配电室）电源侧零线或总剩余电流保护器电源侧零线引出（图 8-18）。

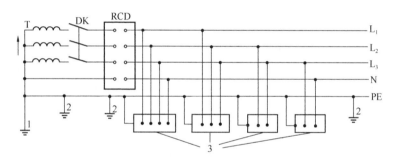

图 8-18 专用变压器供电时 TN-S 接零保护系统示意图

1—工作接地；2—PE 线重复接地；3—电气设备金属外壳

（正常不带电的外露可导电部分）；

L₁、L₂、L₃—相线；N—工作零线；PE—保护零线；RCD—总剩余电流保护器

（兼有短路、过载、剩余电流保护功能的漏电断路器）

当施工现场与外电线路共用同一供电系统时，电气设备的接地、接零保护应与原系统保持一致，不得一部分设备做接零，另一部分设备做接地。

采用 TN 系统作接零保护时，工作零线（N 线）必须通过总剩余电流保护器，保护零线（PE 线）必须由电源重复接地处或总剩余电流保护器电源侧零线处引出，形成局部 TN-S 接零保护系统（图 8-19）。

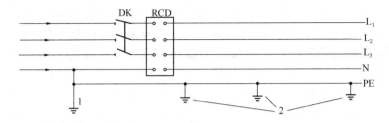

图 8-19　三相四线制供电时局部 TN-S 接零保护系统保护零线引出示意图

1—NPE 线重复接地；2—PE 线重复接地；

L_1、L_2、L_3—相线；N—工作零线；PE—保护零线；

RCD—总剩余电流保护器（兼有短路、过载、剩余电流保护功能的漏电断路器）

第二节　外电线路的防护

在施工现场往往除了因现场施工需要而敷设的临时用电线路以外，还有原来就已经存在的高压或低压电力线路，这些不为施工现场专用的原有电力线路统称为外电线路。

外电线路一般为架空线路，也有个别施工现场会遇到地下电缆线路，两者都存在的情况也时有发生。如果在建工程距离外电线路较远，那么外电线路不会对现场施工构成很大威胁。如外电线路紧靠在建工程，则现场施工中常常会造成施工人员在搬运物料或进行施工操作过程中意外触碰外电线路。外电线路如在塔式起重机的回转半径范围内，那么外电线路就会给施工带来安全隐患，极易酿成触电伤害事故。同时，在高压线附近，即使人体没有触及线路，由于高压线路邻近空间高电场的作用，也会对人构成潜在的危险。

为确保现场施工安全，防止外电线路对现场施工造成危害，《施工现场临时用电安全技术规范（附条文说明）》JGJ 46 作了强制性规定，即在建工程的现场各种设施与外电线路之间必须保持可靠的安全距离，或采取必要的安全防护措施。

1. 线路防护

（1）在建工程不得在外电架空线路正下方施工、搭设作业棚、建造生活设施或堆放构件、架具、材料及其他杂物等。

（2）在建工程（含脚手架）的周边与外电架空线路的边线之间的最小安全操作距离（图 8-20）应符合表 8-1 的规定。

在建工程（含脚手架）的周边与外电架空线路的
边线之间的最小安全操作距离　　　　　　　　　表 8-1

外电线路电压等级（kV）	<1	1~10	35~110	220	330~500
最小安全操作距离（m）	4.0	6.0	8.0	10	15

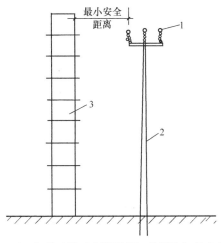

图 8-20　在建工程（含脚手架）的周边与外电架空
线路电杆的最小安全距离
1—外电架空线路；2—外电架空线路电杆；3—在建工程（含脚手架）

（3）施工现场的机动车道与外电架空线路交叉时，架空线路的最低点与路面的最小垂直距离（图 8-21）应符合表 8-2 的规定。

施工现场的机动车道与架空线路交叉时的最小垂直距离　表 8-2

外电线路电压等级（kV）	<1	1~10	35
最小垂直距离（m）	6.0	7.0	7.0

（4）起重机严禁越过无防护设施的外电架空线路作业。在外电架空线路附近吊装时，起重机的任何部位或被吊物边缘在最大偏斜时与架空线路边线的最小安全距离应符合表 8-3 的规定。

起重机与架空线路边线的最小安全距离 表 8-3

电压(kV) 安全距离(m)	<1	1～10	35	110	220	330	500
沿垂直方向	1.5	3.0	4.0	5.0	6.0	7.0	8.5
沿水平方向	1.5	2.0	3.5	4.0	6.0	7.0	8.5

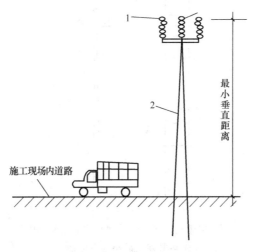

图 8-21 施工现场的机动车道与外电架空线路
交叉时的最小垂直距离
1—外电架空线路；2—外电架空线路电杆

（5）施工现场开挖沟槽边缘与外电埋地电缆沟槽边缘之间的距离不得小于 0.5m。

（6）当达不到上述 2～4 条中的规定时，必须采取绝缘隔离防护措施，并应悬挂醒目的警告标志。

架设防护设施时，必须经有关部门批准，采用线路暂时停电或其他可靠的安全技术措施，并应有电气工程技术人员和专职安全人员监护。

防护设施与外电线路之间的安全距离不应小于表 8-4 中所列数值。

防护设施应坚固、稳定，且对外电线路的隔离防护应达到 IP30 级。

防护设施与外电线路之间的最小安全距离 表 8-4

外电线路电压等级（kV）	<10	35	110	220	330	500
最小安全距离（m）	1.7	2.0	2.5	4.0	5.0	6.0

（7）当第 6 条规定的防护措施无法实现时，必须与有关部门协商，采取停电、迁移外电线路或改变工程位置等措施，未采取上述措施的严禁施工。

（8）在外电架空线路附近开挖沟槽时，必须会同有关部门采取加固措施，防止外电架空线路电杆倾斜、悬倒。

2. 电气设备的防护

（1）电气设备现场周围不得存放易燃易爆物、污源和腐蚀介质，否则应予清除或做防护处置，其防护等级必须与环境条件相适应。

（2）电气设备设置场所应能避免物体打击和机械损伤，否则应做防护处置。

第三节 绝缘、间距和屏护

绝缘、间距、屏护等均属于防止直接触电的安全技术措施，也就是防止人体接触带电部分发生直接触电事故。

1. 绝缘

各种电气线路和用电设备都主要由导电部分和绝缘部分组成。绝缘就是采用绝缘物将带电体封闭起来，是防止发生触电事故最基本、最重要的措施之一。良好的绝缘是保证设备和线路正常运行的必要条件。

设备或线路的绝缘必须与所使用的电压相符合，必须与周围环境和运行条件相适应。

电工绝缘材料的电阻率一般在 $10^9\,\Omega\cdot cm$ 以上。瓷、玻璃、云母、橡胶、木材、胶木、塑料、布、纸、矿物油等都是常用的绝缘材料。

衡量绝缘材料性能好坏的最基本指标是绝缘电阻。足够的绝缘电阻可以将电气设备的泄流电流限制在很小的范围内，保证设备的正常运行，防止因漏电引起触电事故和电气火灾。

测量线路或设备的绝缘电阻必须使用兆欧表（摇表）来测试，不能用万用表来测试。

建筑施工现场用电设备主要是依靠绝缘来实现直接接触的触电保护。绝缘电阻是否合乎要求，直接关系到用电设备能否正常安全运行。因此，对建筑施工现场的线路和设备均应定期进行绝缘电阻的测试。

现场绝缘电阻的测量一般采用 500V 摇表即可，各绝缘电阻值应符合下述要求：

（1）现场新装的低压线路和大修后的用电设备绝缘电阻应不小于 $0.5M\Omega$。运行中的线路要求可降至不小于每伏 1000Ω。

（2）三相鼠笼式异步电动机绝缘电阻不得小于 $0.5M\Omega$。

（3）三相绕线式异步电动机的定子绝缘电阻值：热态应大于 $0.5M\Omega$、冷态应大于 $2M\Omega$；转子绝缘电阻值：热态应大于 $0.15M\Omega$、冷态应大于 $0.8M\Omega$。

（4）手持电动工具带电零件与外壳之间绝缘电阻值，对于 Ⅰ 类手持电动工具应大于 $2M\Omega$、Ⅱ 类手持电动工具应大于 $7M\Omega$、Ⅲ 类手持电动工具应大于 $1M\Omega$。

（5）变压器一、二次绕组之间及对铁芯的绝缘电阻值，均应大于 $2M\Omega$。

绝缘物在强电场的作用下，遭到急剧的破坏，丧失绝缘性能，这就是击穿现象，也称电击穿。固体绝缘遭受击穿后其绝缘性能不能恢复。

固体绝缘物除了电击穿外，还有热击穿和电化学击穿。热击穿是绝缘物在外加电压的作用下，产生的泄漏电流使绝缘物发热，如热量不能及时散发，温度将会升高；由于绝缘物具有负的电阻温度系数，当绝缘物的温度上升，其绝缘电阻值同时减少，随之泄漏电流进一步增大，温度也进一步上升；如此恶性循环，最终将导致绝缘物发生熔化和烧穿。电化学击穿是指由于游离、化学反应等因素的综合作用所导致的击穿。上述热击穿和电化学击穿的击穿电压都不太高，但是电压作用时间都比较长。

绝缘物除因击穿遭受破坏外，腐蚀性气体、蒸气、粉尘、机械损伤也都会使绝缘物的绝缘性能下降，甚至完全丧失。

应当注意的是，许多绝缘性能良好的材料，受潮后其绝缘性能明显下降，有的甚至绝缘性遭到完全破坏。

为预防在建筑施工现场发生触电和电气火灾事故，现场供电线路和用电设备的绝缘应完好且达到相关指标。为此，应做到以下几个方面：

（1）现场供电线路的架设应符合《施工现场临时用电安全技术规范（附条文说明）》JGJ 46 的要求，并应测试线路的绝缘电阻。

（2）对于长期未使用的设备，在使用前必须进行绝缘性能的测试。

（3）移动用电设备（如磨石子机、潜水泵、打夯机、平板振动机、软管振动机等）在现场第一次使用前，必须进行绝缘性能的测试。

（4）手持式电动工具除了在第一次使用前必须进行绝缘性能测试外，以后应每隔一段时期进行定期测试。

（5）安全隔离变压器（如行灯变压器）在使用前都必须进行绝缘性能的测试。

2. 间距

为了防止人体触及或接近带电体造成触电事故，避免车辆或其他器具碰撞或过分接近带电体造成事故，以及防止火灾、防止过电压放电和各种短路事故，在带电体与地面之间、带电体与带电体之间、带电体与其他设施和设备之间均应保持一定的安全间距。安全间距的大小取决于电压的高低、设备的类型、安装的方式等因素。

建筑施工现场临时用电线路和电气设备与周围物体保持一定的安全间距，是防止发生触电和电气火灾事故的技术措施之一。

在建筑施工现场安全间距的要求主要有以下几方面：

（1）在建工程脚手架最外侧与外电架空线路的边线之间的最小安全操作距离如下：

1）外电线路电压在 1kV 以下时为 4m。

2）外电线路电压在 1～10kV 时为 6m。

3）外电线路电压在 35～100kV 时为 8m。

4）外电线路电压在 220kV 时为 10m。

5）外电线路电压在 330～500kV 时为 15m。

注：外电架空线路是指建筑施工现场临时供电线路以外的所有架空线路。对地电压小于 250V（指有效值）时为低压；对地电压大于或等于 250V（指有效值）时为高压。

（2）建筑施工现场的机动车道与外电架空线路交叉时，架空线路与路面的最小垂直距离如下：

1）外电线路电压在 1kV 以下时为 6m。

2）外电线路电压在 1～10kV 时为 7m。

3）外电线路电压在 35kV 时为 7m。

（3）建筑施工现场各种垂直起重设备的任何部位（含最长起吊物件）及其被吊物外侧与 10kV 以下的架空线路边线的水平距离应不小于 2m。

（4）建筑施工现场临时供电架空线路与邻近线路或设施的距离应符合表 8-5 的规定。

架空线路与邻近线路或设施的距离（m）　　表 8-5

项目	邻近线路或设施类别					
最小净空距离 （m）	过引线、接下线 与邻线	架空线与拉线 电杆外缘		树梢摆动最大时		
	0.13	0.05		0.5		
最小垂直距离 （m）	同杆架设下方的广播线路通信线路	最大弧垂与地面			最大弧垂与暂设工程顶端	与邻近线路交叉
		施工现场	机动车道	铁路轨道		1kV以下	1～10kV
	1.0	4.0	6.0	7.5	2.5	1.2	2.5
最小水平距离 （m）	电杆至路基边缘	电杆至铁路轨道边缘		边线与建筑物凸出部分		
	1.0	杆高＋3.0		1.0		

（5）橡套电缆架空敷设时，应沿墙或电杆支架设置，但沿墙敷设时最大弧垂距地不得小于 2.5m，室内距楼面最大弧垂不得小于 1.8m，固定点应采用绝缘子固定。

（6）室内配线必须采用绝缘导线，距地最小距离不得小于2.5m。

3. 屏护

屏护是采用屏障、遮栏、围网、护罩、护盖、箱匣等把带电体与外界隔离、防止发生触电事故的安全技术措施。

在建筑施工现场，当架空线与建筑物、机械设备之间的安全距离不能达到要求时，必须增设遮栏、围栏或保护网等，同时应悬挂醒目的警告标志牌。

建筑施工现场所用开关电器的护罩、护盖等必须完整齐全，如胶盖闸刀开关的胶盖、开关的护盖、铁壳开关的铁壳盖等。导线进出开关电器孔的橡皮护卷必须齐全，不得破损。低压电器的灭弧装置，如灭弧罩等，应完好无缺安装正确，以防电弧伤人。

第四节　剩余电流保护器

为防止发生因漏电引发的触电事故、火灾事故和单相接地故障，建筑施工现场普遍采用剩余电流保护器作为安全保护装置。现行行业标准《施工现场临时用电安全技术规范（附条文说明）》JGJ 46中明文规定，建筑施工现场总配电柜（箱）内必须装设总的剩余电流保护器，各用电设备的专用开关箱和移动开关箱内必须装设剩余电流保护器。建筑施工现场动力和照明线路应分路设置，各自装设剩余电流保护器。

目前剩余电流保护器的种类很多，只有选用合适的剩余电流保护器，进行正确安装和接线，定时进行检查，才能使剩余电流保护器在防止电气事故发生中起到应有的作用。

1. 剩余电流保护器的工作原理

如图8-22所示，在220/380V三相四线制供电系统中，当用电设备发生漏电时，将会产生两种不正常现象：

（1）设备正常不带电的金属外壳出现对地电压，即

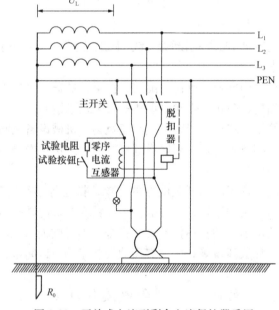

图 8-22 开关式电流型剩余电流保护器采用
穿负荷线式接线方式工作原理图

$$U_{\mathrm{d}} = I_0 R_{\mathrm{d}} \tag{8-13}$$

（2）三相电流的平衡遭到破坏，出现零序电流（三相电流的矢量和），即

$$i_0 = i_{\mathrm{a}} + i_{\mathrm{b}} + i_{\mathrm{c}} \tag{8-14}$$

剩余电流保护器就是通过检测机构取得设备对地电压或零序电流这两种信号，经过中间机构的转换和传递，使执行机构动作，切断故障设备的电源，避免发生电气事故。

2. 剩余电流保护器的类型

（1）按反映信号分类

按照反映信号可分为：电流型剩余电流保护器和电压型剩余电流保护器。电流型剩余电流保护器检测零序电流，电压型剩余电流保护器检测设备外壳对地电压。建筑施工现场普遍使用的是电流型剩余电流保护器。

（2）按安装形式分类

按照安装形式可分为：固定安装和固定接线的剩余电流保护器、带有电缆的可移动使用的剩余电流保护器。固定安装和固定接线的剩余电流保护器有开关式和组合式两种，组合式剩余电流保护器一般由漏电继电器、零序电流互感器和交流接触器或自动空气断路器所组成。

（3）按照极数和接线数分类

按照极数和接线数可分为：二线单极剩余电流保护器、二线二极剩余电流保护器、三线三极剩余电流保护器、四线三极剩余电流保护器和四线四极剩余电流保护器五种剩余电流保护器。

3. 剩余电流保护装置的主要技术参数

（1）额定漏电动作电流

额定漏电动作电流是电流型剩余电流保护器动作特性的一个重要参数。它表示该装置在不加任何绝缘电阻的条件下，当流过某一电流值时，保护装置恰好动作。该电流值叫做剩余电流保护装置的额定漏电动作电流。

电流型剩余电流保护器的额定动作电流分为 11 个等级，分

别为 5mA、10mA、20mA、100mA、300mA、500mA 和 1A、3A、5A、10A、20A。其中，30mA 及 30mA 以下的为高灵敏度；30mA 以上、1A 及 1A 以下为中灵敏度；1A 以上为低灵敏度。

（2）额定漏电不动作电流

剩余电流保护器规定额定动作电流的二分之一为额定漏电不动作电流，在其值以下必须不动作。

（3）额定漏电动作时间

从突然施加额定漏电动作电流时起，到剩余电流保护器切断电流为止的时间，称为额定漏电动作时间。

剩余电流保护器的额定漏电动作时间分为：

1）快速型：额定漏电动作时间小于 0.1s。

2）定时限型：额定漏电动作时间在 0.1～2s。

3）反时限型：在额定漏电动作电流时，额定漏电动作时间小于 1s；在 2 倍的额定漏电动作电流时，额定漏电动作时间小于 0.2s；在 5 倍的额定漏电动作电流时，额定漏电动作时间小于 0.03s。

4. 剩余电流保护器的选用

剩余电流保护器在建筑施工现场的主要作用是防止漏电伤亡事故和电气火灾事故发生。建筑施工现场的低压供电普遍是采用中性点直接接地的 220/380V 三相四线供电系统，为此应选用电流型（带零序变压器）剩余电流保护器。同时，要按照不同的使用目的和安装场所来选用合适的剩余电流保护器。所谓选用合适的剩余电流保护器，主要是指参考剩余电流保护器的额定漏电动作电流、额定漏电动作时间、额定工作电流、极数和线数以及安装形式等。通常情况下选择 AC 型的剩余电流保护器。对用电设备带有变频器、三相交流整流器、逆变器、UPS 装置等产生平滑直流剩余电流的电气设备，如变频塔式起重机、变频施工升降机等应选用特殊的对脉冲直流剩余电流和平滑直流剩余电流均能动作的 B 型 RCD。

（1）建筑施工现场所选用的剩余电流保护器应符合国家现行标准《剩余电流动作保护电器（RCD）的一般要求》GB/T 6829的要求，经安全认证合格并带有认证标志，并应有生产厂家的产品说明书和产品合格证。

（2）现行行业标准《施工现场临时用电安全技术规范（附条文说明）》JGJ 46中规定，建筑施工现场使用的电动机械和手持电动工具都必须装设剩余电流保护器，剩余电流保护器应符合以下要求：

1）在一般场合，室内干燥场所使用的剩余电流保护器，其额定漏电动作电流应不大于 30mA，额定漏电动作时间小于0.1s。

2）在露天、潮湿场合必须使用防溅型剩余电流保护器，其额定漏电动作电流应不大于 10mA，额定漏电动作时间小于0.1s。

3）在金属物体上和在狭窄场所必须使用防溅型剩余电流保护器，其额定漏电动作电流应不大于 10mA，额定漏电动作时间小于0.1s。

以上所用的剩余电流保护器，均应装设在线路末端的电动建筑机械专用开关箱内或移动开关电箱内。

建筑施工现场总配电箱内必须装设总剩余电流保护器，其额定剩余动作电流应大于配电线路和用电设备总剩余电流值的二倍即可。

总配电箱和开关箱（或移动电箱）中的剩余电流保护器，其额定剩余动作电流和额定剩余动作时间应作合理配合，使之具有分级分段保护功能，以免发生越级动作。对建筑施工现场临时用电应形成不少于二级的剩余电流保护的安全保护网。

所有剩余电流保护器在实际工作时的负荷电流，应小于其额定工作电流。

在建筑施工现场总配电箱中，应将动力用电和照明用电分开设置。动力用电和照明用电均应装设总剩余电流保护器。在用电量较大时，动力用电可采用由零序电流互感器、漏电继电器和低压自动空气断路器或交流接触器组成的组合式剩余电流保护器；照明用电一般可采用开关式剩余电流保护器；单相照明用电则可选用四极或二极剩余电流保护器。在照明开关箱单相回路中必须装设剩余电流保护器。

装在设备专用开关箱或移动开关箱内，直接对用电设备作剩余电流保护时，只要参数符合要求，应优先选用纯电磁型的剩余电流保护器（如 DZ15L 型）和纯电磁型的漏电继电器（如 JD1型）。

纯电磁型剩余电流保护器中虽没有电子元器件，不会发生上述事故，但倒接后将会影响其接通分断负荷电流的能力，所以也应按规定接线。

剩余电流保护器和漏电继电器（或零序电流互感器）应远离交变电磁场，如变压器、电流互感器和接触器等，应距离 400mm以上。

组合式剩余电流保护器的零序电流互感器（或漏电继电器）有两种安装形式：即穿负荷线式和穿零线式。穿负荷线式安装如图 8-22 所示，所有开关式剩余电流保护器都为穿负荷线式。组合式剩余电流保护器，穿过零序电流互感器的导线，应采用绝缘性能良好的绝缘导线绞合在一起，用纱带或胶布包好成一束，放于贯穿孔中心，其前后 200mm 导线不应松散。穿零线式接线方式如图 8-23 所示。

穿零线式安装形式为三相电力变压器二次侧中心点引出的中心线穿过零序电流互感器后与工作接地装置相连。此种安装形式在农村使用较多，对三相电力变压器二次侧供电线路和用电设备可起保护作用。建筑施工现场一般不采用此种安装形式。

建筑施工现场临时用电使用的电流型剩余电流保护器，必须采用穿负荷线式接线方式。

剩余电流保护器在施工现场使用时，必须具有防雨、防水和防尘的措施。在有爆炸危险场所，应选用防爆型剩余电流保

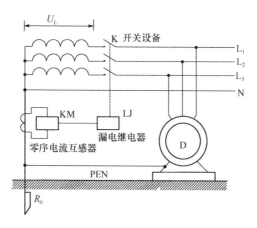

图 8-23 组合式电流型剩余电流保护器采用穿零线式接线方式

护器。

剩余电流保护器安装后在投入使用前必须操作试验按钮，检验剩余电流保护器是否正常，正常后才能投入使用。

剩余电流保护器的检验应每月不少于一次，雷雨季节应增加次数，并由专人进行试跳检验并做好记录。

（3）接线和注意事项

近几年来，剩余电流保护器的应用越来越普及，在人身保护、设备保护和电气火灾预防等方面都取得了显著的成效。但是，剩余电流保护器的正确安装、接线和使用方面的知识还远远没有普及，因而导致在使用过程中常常发生误动作或拒动作。这种现象在建筑施工现场往往极为普遍。

目前，在建筑施工现场均采用 220/380V 三相四线制低压供电，且根据有关部门及相关规范规定一般采用 TT 供电系统或 TN 供电系统。在 TN 供电系统中有三种形式：TN-C、TN-C-S 和 TN-S。不管采用 TN-C 或 TT 供电系统，均存在着不安全因素（在以前接地和接零中已说到）。现行行业标准《施工现场临时用电安全技术规范（附条文说明）》JGJ 46 中规定：所有用电设备均应实行二级剩余电流保护。而采用 TN-C 系统，由于工作零线 N 和保护零线 PE 未分开设置合二为一的 PEN 线,故无法做到二级剩余电流保护。

剩余电流保护器应按出厂说明书正确接线,同时要注意以下几点:

1)要严格区分工作零线与保护零线,并进行正确接线。

从变压器中性点直接接地处引出的导线称为零线。220V 的单相电气设备正常工作时所需的零线,称为工作零线 N。工作零线在正常工作时通过负荷电流。工作零线必须经过剩余电流保护器或漏电继电器。

由变压器中性点接地线处、配电室的总零线或第一级剩余电流保护器电源侧的零线处引出,并与各电气设备正常不带电导电部分相连,起保护作用的零线,称为保护零线 PE。保护零线 PE 在正常工作时无电流通过;只有当被保护设备发生漏电或相线碰壳事故时,才有单相短路电流从保护零线中通过。

负载与剩余电流保护器接线的原则是:不管用电设备的额定工作电压是单相 220V 或三相 380V,其所提供的电源(含工作零线)必须出自同一个剩余电流保护器或零序电流互感器的负载侧,否则将会引起误动作,影响设备的正常运行。

2)经过剩余电流保护器或零序电流互感器的工作零线不能重复接地、不能作为保护零线或和其他线路、导电体有任何电气连接。保护零线上不得接单相 220V 用电设备,否则将会破坏剩余电流保护器的正常运行。

3)当一台剩余电流保护器的容量不够时,不能将两台或多台剩余电流保护器并联使用。

4)建筑施工现场采用多级剩余电流保护时,其之间接线原则为:下级剩余电流保护器或零序电流互感器的电源侧进线(包括工作零线)必须全部接自上一级同一剩余电流保护器或零序电流互感器的负载侧。

5)安装剩余电流保护器后,不能撤销或降低对原线路、设备的接地或接零保护措施及要求。

6）当使用试验按钮对剩余电流保护器或漏电继电器进行校验时，如发现有振动现象，则应立即停按试验按钮，同时也应避免多次连续试验，以免烧毁试验电阻。当发生剩余电流保护器不动作或振动现象后，应用专用的漏电开关测试仪进行测试。有的电工采用小功率灯泡（一般用 15W/220V 的灯泡即可）对剩余电流保护器进行试校，虽然也能起到一定的作用，但考虑安全，应禁止使用。校验工作应每月进行一次，由专职电工负责进行，并做好记录。

7）在运行中的剩余电流保护器发生动作后，应首先查清剩余电流保护器本身是否有故障。可将剩余电流保护器负载侧刀闸全切断，如剩余电流保护器能合闸即为正常，此时应采用逐步接入各路负载的方法来判别漏电故障的发生点。在故障排除后，方能合闸操作，严禁带故障强行送电，以免发生事故。

8）当剩余电流保护器发生故障，如漏电不动作，空载不能合闸、主触头接触不良或烧毁，必须及时更换相应合格的剩余电流保护器。

9）剩余电流保护器的检修应由专业生产厂进行，检修后的剩余电流保护器必须经过专业生产厂家按国家标准进行试验，并出具检验合格证。检修后仍达不到规定要求的剩余电流保护器必须报废销毁，任何单位、个人不得回收利用。

综上所述，依据现行行业标准《施工现场临时用电安全技术规范（附条文说明）》JGJ 46 中规定，剩余电流保护器的选用应符合以下要求：

（1）总配电箱和开关箱必须装设剩余电流保护器；

（2）剩余电流保护器应装设在总配电箱、开关箱靠近负荷一侧，且不得用于启动电气设备的操作；

（3）开关箱中剩余电流保护器的额定剩余动作电流不应大于30mA，额定剩余电流动作时间不应大于 0.1s；

使用于潮湿或腐蚀介质场所的剩余电流保护器应采用防溅型

产品，其额定剩余动作电流不应大于 10mA，额定剩余电流动作时间不应大于 0.1s；

（4）总配电箱中剩余电流保护器的额定剩余动作电流应大于 30mA，额定剩余电流动作时间应大于 0.1s，但其额定剩余动作电流与额定剩余电流动作时间的乘积不应大于 30mA·s。

第五节　施工现场的防雷接地

雷电是一种常见的自然现象。雷电产生时常伴随着强烈的闪光和霹雳。如果雷电击中施工现场的建筑物、设备或人，就会造成建筑物、设备的破坏或人员的伤亡。

雷电的产生是由于雷云对地放电产生雷电流。雷电的种类可分为直击雷、感应雷和雷电侵入波及球雷四种。在各类雷击中，直击雷的危害最大。

1. 雷击的选择性

对雷击事故的分析研究表明，建筑物遭受雷击的时间、地点和部位存在着一定的规律，这些规律称为雷击的选择性。

（1）季节因素

春夏季节由于雷电活动频繁，因而发生雷击的频率往往高于秋冬两季。

（2）地面因素

1）地理因素。雷电活动的强度因地区而异，通常用平均雷暴日数来反映雷电活动的强度。一般湿热地区的雷电活动多于干冷地区，在我国大致按华南、西南、长江流域、华北、东北、西北雷电活动依次递减。

2）地质因素。有利于很快聚集与雷云相反电荷的地面，如地下埋有导电矿藏的地区、地下水位高的地方、小河沟、地下水出口处、土壤电阻率突变的地方等容易落雷。

3）地形因素。有些地方受局部气象条件的影响，雷电活动可能比邻近地区强得多。如某些山区，山的南坡落雷多于山的北坡，靠海的一面山坡落雷多于背海的另一面山坡，风暴走廊与风向一致的地方在风口和顺风的河谷里落雷多于别的地方，山中的局部平地落雷多于峡谷。

4）地物因素。由于地物的影响，有利于雷云与大地之间建立良好的放电通道，如孤立高耸的地物、排出导电尘埃的厂房及排出废气的管道、屋旁大树、山区输电线等易受雷击。

（3）建筑物的因素

1）建筑物的孤立程度。旷野中孤立的建筑物和建筑群中的高耸建筑物易受雷击。

2）建筑物的结构。金属屋顶、金属构架、钢筋混凝土结构的建筑物易受雷击。

3）建筑物的性能。生产贮存易挥发物的建筑物，容易形成游离物质，因而易受雷击。

4）建筑物的位置和外廓尺寸。一般认为建筑物位于地面落雷较多的地区和外廓尺寸较大的易受雷击。

（4）建筑物易受雷击的部位

1）平屋面或坡度不大于1/10的屋面，部位为檐角、女儿墙和屋檐，如图8-24（a）、图8-24（b）所示。

2）坡度大于1/10小于1/2的屋面，部位为屋角、屋背、檐角和屋檐，如图8-24（c）所示。

3）坡度等于或大于1/2的屋面，部位为屋角、屋背和檐角，如图8-24（d）所示。

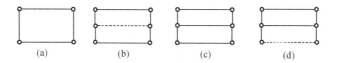

图 8-24　建筑物易受雷击部位示意图

注："o"表示雷击率最高部位；

"——"表示易受雷击部位；

"----"表示不易受雷击的屋背或屋檐。

2. 防雷装置

施工现场及建筑物的防雷装置由接闪器、引下线和接地装置三部分构成。防雷装置的具体结构宜根据建筑施工现场的地面因素、建筑物因素及其易受雷击的部位来确定。

（1）接闪器

直接接受雷击的金属导体称为接闪器。接闪器包括避雷针、避雷线、架空避雷网和避雷带。

1）接闪器的保护范围

接闪器的保护范围是指建筑物可以避免遭受直接雷击的区域。

布置接闪器时，可采用滚球法对避雷针、避雷网、避雷带进行保护范围计算。为简便起见，施工现场的单支避雷针保护范围一般可采用 $60°$ 保护角进行计算，如图 8-25 所示，其中阴影区为独立避雷针 A 的保护范围。最高机械设备上的避雷针保护范围一般按 $45°\sim60°$ 保护角计算，如能够保护其他设备，且最后退出现场，则其他设备可不设防雷装置。

2）接闪器的结构

① 避雷针一般采用圆钢或焊接钢管制成。当针长 1m 以下时，圆钢直径不小于 12mm，钢管直径不小于 20mm；当针长 1～2m 时，圆钢直径不小于 16mm，钢管直径不小于 25mm。避雷网和避雷带宜采用圆钢或扁钢制作。圆钢直径不宜小于 10mm；扁钢截面不小于 $100mm^2$，厚度不小于 4mm。

② 避雷针的顶端宜做成尖形。

③ 在建工程的主体封顶后施工现场防雷接闪器拆除前，应按建筑物防雷设施的设计要求及时安装避雷网、避雷带、避雷针。如果由于某些特殊原因而不能及时安装永久的接闪器时，应在建筑物的易受雷击的部位安装临时防雷用接闪器。

④ 接闪器必须与引下线形成可靠的电气通路。

（2）引下线

1）引下线是连接接闪器与接地装置的金属导体。它应满足机械强度、耐腐蚀和热稳定的要求。

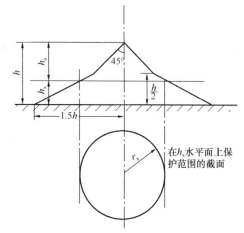

图 8-25 单支避雷针保护范围示意图

注：h—避雷针的高度（m）；h_x—被保护物的高度（m）；h_a—避雷针的有效高度（m）；r_x—避雷针在 h_x 水平面上的保护半径（m）；避雷针在地面上的保护半径 $r=1.5h$ 时，被保护物在水平面上的保护半径 r_x 可用下式确定：

当 $h_x \geqslant \dfrac{1}{2}h$ 时，$r_x = (h - h_x) \cdot \rho = h_a \cdot \rho$

当 $h_x < \dfrac{1}{2}h$ 时，$r_x = (1.5h - 2h_x) \cdot \rho$

式中 h_a——避雷针的有效高度（m）；

ρ——高度影响系数。当 $h \leqslant 30$m，$\rho = 1$；当 30m $< h < 120$m，$\rho = \dfrac{5.5}{\sqrt{h}}$。

2）引下线的结构设计

① 明装引下线一般采用圆钢或扁钢制作，优先采用圆钢。圆钢直径应不小于 8mm，扁钢截面不小于 12mm×4mm。

② 引下线应沿建筑物、构筑物外墙敷设，并经最短路径接地。

③ 建筑物、构筑物的金属构件、钢脚手架中的钢管可作为引下线，但所有金属部件之间均应连成电气通路。

④ 引下线应躲开建筑物的出入口和行人较易接触的地点，以避开接触电压的危险。

⑤ 施工现场的钢脚手架及临时敷设的引下线宜在建筑物设置的断接卡处与接地装置相连。

⑥ 应采用建筑物钢筋混凝土的主筋作防雷引下线。

（3）接地装置

1）接地装置包括接地线和接地体。它的作用是向大地均匀泄放雷电流，使防雷装置对地电压不至于过高。

① 接地体：埋入地中并直接与大地接触的金属导体称为接地体。接地体分为水平接地体和垂直接地体。

② 接地线：是指从引下线断接卡、换线处至接地体的连接导体或从接地端子、等电位连接带至接地装置的连接导体。

2）接地装置的结构

施工现场应尽量借用新建、改建、扩建建筑物中设计并已完成施工的接地装置，这样可以减少施工现场临时用电的投入，实现资源共享。当接地装置必须单独敷设时，应满足以下要求：

① 垂直埋设的接地体一般采用角钢、圆钢、钢管等制作，水平埋设的接地体一般采用扁钢、圆钢等制作；圆钢直径不小于10mm，钢管直径不小于32mm，扁钢截面不小于25mm×4mm，角钢截面不小于40mm×4mm。

② 垂直接地体一般采用2.5m长的镀锌角钢制作，为减少相邻接地体的屏蔽效应，垂直接地体间的距离一般为5m，当场地受限制时可适当缩小。

③ 接地体在土壤中的埋设深度不应小于0.5m。

④ 防直击雷的人工接地体距建筑物出入口或人行道不应小于3m。当小于3m时应采取以下措施：

A. 水平接地体局部埋设深度应不小于1.0m。

B. 水平接地体局部应包绝缘物，可采用50～80mm厚的沥青层。

C. 采用沥青碎石地面或在接地体上面敷设50～80mm厚的沥青层时，其宽度应超过接地体2m。

⑤ 防雷接地装置的冲击接地电阻不得大于30Ω。接地装置的钢导体截面，应符合热稳定、机械强度及均压的要求，其选用的最小值见表8-6。

⑥ 在腐蚀性较强的场所，钢质材料及其紧固件应采用热镀锌。

⑦ 低压电气设备地面上外露接地线的最小截面见表 8-7。

钢接地体和接地线的最小值 表 8-6

类　别		地　　上		地　下
		室内	室外	
圆钢直径（mm）		6	8	10
扁钢	截面（mm²）	60	100	100
	厚度（mm）	3	4	4
钢管管壁厚度（mm）		2.5	2.5	3.5
角钢厚度（mm）		2	2.5	4

低压电气设备地面上外露接地线的最小截面（mm²） 表 8-7

名　称	铜	铝
明敷裸导体	4	6
绝缘导体	1.5	2.5
电缆的接地芯线与相线包在同一保护外壳内的多芯导线的接地芯	1	1.5

3. 起重机、井字架和龙门架的防雷

（1）场内的起重机、井字架及龙门架等机械设备，若在相邻建筑物、构筑物的防雷装置的保护范围以外且在表 8-8 规定的范围内，则应安装防雷装置。

施工现场内机械设备需安装防雷装置的规定 表 8-8

地区年平均雷暴日（d）	机械设备高度（m）
≤15	≥50
>15，<40	≥32
≥40，<90	≥20
≥90 及雷害特别严重的地区	≥12

（2）机械设备上的避雷针长度宜为 1～2m，可用直径不小于 16mm 的圆钢或直径不小于 25mm 的钢管制作。

（3）起重机、井字架及龙门架的防雷引下线可利用该保护设备的金属结构件，但应保证可靠的电气连接。

（4）同一台电气设备的防雷接地可以与该设备的重复接地使用同一个（组）接地体，由于重复接地电阻值一般比施工现场的防雷接地电阻值小，因此，防雷接地电阻应符合重复接地电阻的要求。

4. 钢管脚手架的防雷

钢管脚手架随建筑物的升高而不断增高，当钢管脚手架不在相邻避雷装置的保护范围之内时，则必须对钢管脚手架采取以下防雷保护措施：

（1）钢管脚手架应利用转角处、中间每隔 50m 的外侧立杆与建筑物的接地装置可靠连接（接地电阻经过测试且符合要求），连接线可采用截面不小于 25mm×4mm 的镀锌扁钢。

（2）当无法与建筑物的接地装置连接时，应单独设置人工接地体，其结构应符合接地装置的规定。

5. 变配电设备的防雷

变配电设备除了可能遭受直击雷以外，还有可能被雷电波沿着线路侵入而威胁变配电设备的安全。施工现场临时用电的变配电设备的防雷应包括防直击雷和防雷电波侵入两部分。

（1）直击雷的防护

对直击雷的防护可装设避雷针、避雷网或避雷线。对变配电设备防直击雷的基本原则是：

1）所有被保护的变配电设备均应处在避雷针、避雷网或避雷线的保护范围之内。

2）防止由于雷击在避雷针或避雷线上形成高电位对被保护物产生反击。当防雷装置遭受雷击时，在接闪器、引下线和接地体上都将产生很高的电位，如果防雷装置与建筑物内外电气设备、电线或其他金属管线的绝缘距离不够，它们之间就会放电，这种现象称为反击。反击可能引起火灾、爆炸或人身伤害。

（2）雷电波侵入的防护

由于变配电设备与线路相连，线路遭受雷击的机会很多。又由于雷电波的波幅可能很大，能使变配电设备的绝缘损坏，因此，应从以下两个方面采取保护措施：

1）装设阀型避雷器

阀型避雷器应根据所保护的配电设备的额定电压等级选择。阀型避雷器通常装设在母线与接地线之间。由于变压器是最重要的变配电设备且其绝缘水平也最弱，因此阀型避雷器应尽量安装在距离变电器较近的地方。

2）变配电设备的进线保护

当架空进线采用电缆配线时，避雷器应装设在电缆头附近，且将避雷器的接地端与电缆金属外皮相连。

6. 其他用电设备的防雷措施

（1）无金属外壳或保护罩的用电设备应处在接闪器的保护范围内。

（2）从配电箱（屏、柜）引出的线路应穿钢管。钢管一端与配电箱（屏、柜）相连，另一端与用电设备外壳、保护罩相连，并就近与屋顶防雷装置相连。钢管因接设备而中间断开时应跨接。

（3）在配电箱（屏、柜）内，应在开关的电源侧与外壳之间装设过电压保护器。

（4）为防止雷电波侵入，严禁在独立避雷针、避雷网和避雷线或支柱上悬挂各种电气线路（包括通信线路）。

第六节　安全电压及选用

1. 安全电压源

我国目前实施的安全电压，是以国家现行标准《特低电压（ELV）限值》GB/T 3805 为标准的。

该标准对安全电压的定义和等级作如下规定。

（1）安全电压的定义

安全电压是指为了防止触电事故而采用的由特定电源供电的

电压系列。这个电压系列的上限值，在任何情况下，两导体间或任一导体与地之间均不得超过交流（50～500Hz)50V（有效值）。

1）除采用独立电源外，安全电压的供电电源的输入电路与输出电路必须实行电路上的隔离。

2）工作在安全电压下的电路，必须与其他电气系统和任何无关的可导电部分实行电气上的隔离。

3）直流电的上限值待以后补充制定。

（2）安全电压的等级

1）安全电压额定值的等级为42V、36V、24V、12V、6V。

2）当电气设备采用了24V及以上的安全电压时，必须采取防止直接接触带电体的保护措施。

该标准不适用于水下等特殊场所，也不适用于带电部分能深入到人体内的医疗设备。

不同等级的安全电压额定值的选用，应根据使用场合、周围环境、使用方式等因素而决定（表8-9）。

安全电压必须由特定电源供电，特定电源是指独立电源或是安全隔离变压器等隔离电源。安全电压电路应该是"悬浮"的，在安装使用中必须与大地、零线、金属管道及设备外壳等实行电气上的隔离。

2. 按工作环境选用安全电压等级

所用安全电压必须采用"特定电源"供电。"特定电源"除采用独立电源如发电机、电瓶以外，主要是采用双线圈安全隔离变压器等，严禁使用自耦变压器作为安全电压源。在使用中必须注意以下几点：

（1）所使用的是安全隔离变压器时

1）安全变压器二次侧任二导体或任一导体与地之间电压均不得超过50V；当电气设备使用24V及以上安全电压时，则必须采取防止直接接触带电体的保护措施。

2）二次侧（安全电压）的线路应该是"悬浮"的，必须与其他电气系统和任何无关的可导电部分进行电气上的隔离。

3）安全隔离变压器的外壳、铁芯、屏蔽层必须做保护接零或保护接地。

（2）目前不少单位使用的是普通的双绕组降压控制变压器，应尽快换成安全隔离变压器，但在未更换变压器前，必须做到以下几点：

1）在使用前必须用500V兆欧表，测试变压器一次绕组、二次绕组和铁芯相互之间的绝缘电阻，电阻值必须≥2MΩ。

2）二次绕组输出电压不得大于50V。

3）变压器的金属外壳、铁芯和二次侧绕组任一端必须做保护接零或保护接地。

（3）不管是安全隔离变压器，还是一般双绕组降压控制变压器均应做到：

1）一次侧必须装剩余电流保护器，剩余电流保护器的额定漏电动作电流≤15mA，额定漏电动作时间小于0.1s。

2）一次侧应装隔离开关；一、二次侧均应装设熔断器；二次侧应设有各分路刀闸。

3）一次侧电源线，必须采用额定工作电压不低于250V的三芯橡套软电缆（单相）或额定工作电压不低于500V的四芯橡套软电缆（三相），长度不应大于3m，中间不得有接头，并应配有合适的插头。

4）变压器容量不宜大于3kV·A。

5）在露天使用时，必须装设防水装置。

安全电压的等级及选用举例 表8-9

安全电压（交流有效值）		选用举例
额定值（V）	空载上限值（V）	
42	50	在有触电危险的场所使用的手持式电动工具等
36	43	在矿井、多导电粉尘等场所使用的行灯等
24	29	可供某些人体可能偶然触及的带电体的设备选用
12	15	
6	8	

这里简要介绍一下国际电工委员会有关安全电压的规定。国际电工委员会曾规定接触电压的限定值为 50V 和 25V。该规定是以人体允许通过电流与人体电阻的乘积为依据的。50V 一级大体相当于人体允许通过电流 30mA、人体电阻 1700Ω 的情况，即相当于危险环境的安全电压。25V 一级大体相当于人体允许通过电流 30mA、人体电阻 650Ω 的情况，即相当于特殊环境的安全电压。

第七节　电气安全标志

1. 电气安全的颜色标志

（1）安全色标志

安全色是表达安全信息含义的颜色，用来表示禁止、警告、指令、指示等。

安全色规定为红、蓝、黄、绿 4 种颜色，其含义和用途见表 8-10。

安全色的含义及用途 表 8-10

序号	颜色	含义	用途举例
1	红色	禁止、停止	禁止标志；停止信号，机器、车辆上的紧急停止按钮，以及禁止人们触动的部位
		红色也表示防火	
2	蓝色	指令、必须遵守的、规定	指令标志
3	黄色	警告、注意	警告标志、警戒标志等；安全帽
4	绿色	提供信息、安全、通行	提示标志；启动按钮；安全标志；安全信号旗；通行标志

对比色是使安全色更加醒目的反衬色，有黑、白两种。如安全色需要使用对比色时，应按如下方式配合使用：红—白、蓝—

白、绿—白、黄—黑；也可使用红白相间、蓝白相间、黄黑相间条纹表示强化含义。

使用安全色标志时，应防止耀眼。

（2）指示灯的颜色标志

指示灯是保障人身安全、便于操作和维修的一种措施。

指示灯颜色标志的含义及用途见表 8-11，指示灯选色示例见表 8-12。

指示灯颜色标志的含义及用途   表 8-11

序号	颜色	含义	用途举例
1	红色	反常情况	指示过载、行程过头或其他事故； 指示由于一个保护元件的作用，机器已被迫停车
2	黄色	小心	指示电流、温度等参数量达到它的极限值
3	绿色	准备启动	指示机器准备启动； 全部辅助元件处于待工作状态；各种零件处于启动位置；液压或电压处于规定值； 工作循环已完成；机器准备再启动
4	白色 （无色）	工作正常、 电路已通电	指示主开关处于工作位置； 个别驱动或辅助的传动在工作； 机器正在运转
5	蓝色	以上颜色未包括 的各种功能	

闪光信息的应用：告诉人们须进一步引起注意；传递须立即采取行动的信息；反映信息与指令是否相符；表示变化过程（在过程中发闪光；亮与灭的时间比，一般在 1：1 到 4：1 之间选取，较优先的信息应使用较高的闪烁频率）。

指示灯选色示例

表 8-12

序号	应用类型	开关		指示灯位置和功能			指示灯选色
		功能	位置	安装位置	给操作者的光亮信息	光亮信息用意	
1	具有易触及带电部件的高低压试验室或试验区	主电源断路器	闭合	室（区）外的入口处	入内有危险	有触电危险	红色
			断开		无电	安全	绿色
2	配电开关板	支路开关	闭合	开关板上	支路供电	供电	绿色
			断开		支路无电	无电	白色
3	机器的控制与供电装置	电源断路器	断开	操作者的控制台上	不亮	未供电	—
			闭合		供电	正常状态	白色
					准备就绪	—	绿色
		各个启动器	闭合		机器运转	启动确认	白色
			闭合				
4	抽出危险气体的通风机	电动机启动器	闭合	风道口	注意：风机正在运转	注意	黄色
			断开	操作者的控制台上和可能聚集有害气体的区域	正在抽气	安全	绿色
					停止抽气	危险	红色
5	若输送停止，被输送物会凝固的输送装置	电动机启动器	闭合	运输机近旁	运输机在工作，勿触及，离开	注意	黄色
			断开	操作者的控制台上	正常运行	正常状态	白色
					运输机已超载，降低负荷	注意	黄色
					超载停机，重新启动	必须立即采取行动	红色

（3）导线颜色标志

线路中的裸导线、母线、绝缘导线使用统一的颜色标志，可用来识别导线的用途，这是实现正确操作和安全使用的重要保证。

1）一般用途导线的颜色标志

黑色—装置和设备的内部布线。

棕色—直流电路和正极。

红色—三相电路的 L_3 相，半导体三极管的集电极，半导体二极管、整流二极管或可控硅管的阴极。

黄色—三相电路的 L_1 相，半导体三极管的基极，晶闸管和双向可控硅管的控制极。

绿色—三相电路的 L_2 相。

蓝色—直流电路的负极，半导体三极管的发射极，半导体二极管、整流二极管或可控硅管的阳极。

淡蓝色—三相电路的零线或中性线，直流电路的接地中线。

白色—双向可控硅管的主电极，无指定用色的半导体电路。

黄与绿双色—安全用的接地线（每种色宽 15～100mm 交替贴接）。

红与黑色并行—用双芯导线或双根绞线连接的交流电路。

2）接地线芯或类似保护目的线芯对安全非常重要，因此，对于接地线芯或类似保护目的线芯，现行国家标准《电线电缆识别标志方法　第 4 部分：电气装备电线电缆绝缘线芯识别标志》GB/T 6995.4 作了如下明确规定：

① 无论采用颜色标志或数字标志，电缆中的接地线芯或类似保护目的线芯，都必须采用绿—黄组合颜色的标志。而且必须强调，绿—黄组合颜色的标志不允许用于其他线芯。

② 绿—黄两种颜色的组合，其中任何一种均不得少于 30%，不大于 70%，并且在整个长度上保持一致。

3）多芯电缆线芯颜色标志的规定

二芯电缆—红、浅蓝。

三芯电缆—红、黄、绿。

四芯电缆—红、黄、绿、浅蓝。

其中，红、黄、绿用于主线芯，浅蓝用于中性线芯。

4）导线数字标记的颜色规定

电线电缆用数字识别时，载体应是同一种颜色；所有用于识别数字的颜色应相同，载体颜色与标志颜色应明显不同。

多芯电缆绝缘线芯采用不同的数字标志，应符合下列规定：

二芯电缆—0，1。

三芯电缆—1，2，3。

四芯电缆—0，1，2，3。

其中，数字1、2、3用于主线芯；一般情况下，数字标志的颜色应为白色，数字标志应清晰，字迹应清楚。

（4）按钮的颜色标志

按钮属于主令电器，主要用于发布命令，对电路实施新闭合或断开命令等。因此，按钮的颜色标志对人身和设备的安全具有重要意义。

1）一般按钮的颜色标志，其含义及用途见表8-13。

一般按钮的颜色标志　　　　表 8-13

序号	颜色	含义	用途举例
1	红色	停车、开断	1台或多台电动机的停车； 机器设备的一部分停止运行； 磁力吸盘或电器铁的断电、停止周期性的运行
		紧急停车	紧急开断； 防止危险性过热的开断
2	绿色或黑色	启动、工作、点动	控制回路激磁； 辅助功能的1台或多台电动机开始启动； 机器设备的一部分启动

序号	颜色	含义	用途举例
3	黄色	返回的启动、移动出界、正常工作循环或移动一开始时去抑止危险情况	在完成一个循环工作后，机械返回原点；按黄色按钮可取消预置的功能
4	白色或蓝色	以上颜色所未包括的特殊功能	与工作循环无直接关系的辅助功能，控制保护继电器的复位

2）带灯按钮的颜色标志，其含义及用途见表 8-14。

带灯按钮的颜色标志　　　　表 8-14

序号	指示灯颜色	彩色按钮含义	指派给按钮的功能	用途举例
1	红色	尽可能不用红色指示灯	停止（不是紧急断开）	
2	黄色	小心	预警或报警，抑制反常情况的作用开始	停止或取消预先选择的功能
3	绿色	当按钮指示灯亮时，机器可以启动	机器或某一元件启动	工作正常；用于副传分理处的1台或多台电动机启动；机器元件的启动；磁力卡盘或夹块励磁
4	蓝色	以上颜色和白色所不包括的各种功能	以上颜色和白色所不包括的功能	辅助功能的控制
5	白色	继续确认电路已通电，一种功能或移动已开始或预选	电路闭合或开始运行或预选	任何预选或任何启动运行

第九章 临时用电低压配电线路

第一节 导线和电缆的规格、型号

1. 绝缘导线的种类及特点

建筑施工现场临时用电常采用的绝缘导线有 BV、BLV、BX、BLX、BXF、BLXF、BVR、BV-105 等。其中，B 代表的是绝缘线，L 代表铝线，没有 L 则代表的是铜线，V 代表的是塑料绝缘，X 代表的是橡皮绝缘，R 代表软线，XF 代表氯丁橡胶。建筑施工现场临时用电架空线路必须采用绝缘导线。

塑料绝缘的导线 BV、BLV，其绝缘层大多采用聚氯乙烯，电气性能优良，耐酸碱，对化学物品亦较稳定，且有耐电晕、不延燃、成本低、加工方便等优点。橡皮绝缘导线 BX、BLX、BXF、BLXF，其绝缘材料大多采用橡胶、氯丁橡胶，具有很多特殊性能，如耐日光、耐臭氧、耐大气老化、耐油、耐磨、阻燃、耐酸碱以及优良的密闭性，因此广泛用于户外。其缺点是耐寒性较差，密度较大，用量相对较多。

（1）橡皮绝缘导线

橡皮绝缘导线的结构为线芯外先包一层橡皮作绝缘层，再包一层棉纱或玻璃丝编织层作保护层。交流电压在 250V 以下的橡皮绝缘导线只能用于照明线路。常用的橡皮绝缘导线的型号和主要用途见表 9-1。

橡皮绝缘导线的型号和主要用途 表 9-1

型号	名称	主要用途
BX	铜芯橡皮线	供干燥和潮湿场所固定敷用，用于交流 250V 或 500V 的电路中

型号	名称	主要用途
BXR	橡皮软线	安装于干燥和潮湿场所，连接电气设备的移动部分，交流额定电压为 500V
BLX	铝芯橡皮线	与 BX 型电线相同

（2）塑料绝缘导线

这种导线用聚氯乙烯作绝缘包层，又称塑料线。常用塑料绝缘导线的型号和主要用途见表 9-2。

塑料绝缘导线的型号和主要用途　　　　表 9-2

型　号	名　称	主要用途
BLV（BV）	铝（铜）芯塑料线	交流电压 500V 以下，室内固定敷设用
BLVV（BVV）	铝（铜）芯塑料护套线	交流电压 500V 以下，室内固定敷设用
BVR	铜芯塑料软线	要求电线比较柔软的场所敷设用

2. 电缆的种类及特点

电缆都是由缆芯、绝缘层和保护层组成。根据缆芯的线数分，有单芯、双芯、三芯、四芯、五芯。按绝缘材料分，有油浸纸绝缘电缆、塑料绝缘电缆和橡胶绝缘电缆。常用电缆的产品型号采用汉语拼音和阿拉伯数字组成，其代表符号和含意见表 9-3。

电缆型号的代表符号和含意　　　　表 9-3

□	Z	L	Q	□	2
用途	绝缘	导线材料	内护层	特性	外护层
电力电缆：省略；控制电缆：K；移动电缆：Y；交联聚乙烯：YJ	纸绝缘：Z；橡皮绝缘：X；塑料绝缘：V	铜芯：T 或省略；铝芯：L	橡套：H；铅包：Q；铝包：L；塑套：V	贫油式：P；不滴流：D；分相铅包：F；重型：C	1：麻皮；2：钢带铠装；20：裸钢带铠装；3：细钢丝铠装；30：裸钢丝铠装；5：粗钢丝铠装；11：防腐保护；12：钢带铠装有防护；120：裸钢带铠装有防护

（1）塑料绝缘电缆

对于施工现场临时用电来说，适宜的电缆有 VV、ZR-VV、VLV、ZR-VLV，这些电缆全称是聚氯乙烯绝缘护套电力电缆，其中 ZR 是阻燃型。其特点是绝缘性能好，具有一定的机械强度，制作简单，敷设、安装、维修、连接容易，已逐步取代油浸纸绝缘电缆。

（2）通用橡套电缆（Y 系列橡套电缆）

该系列电缆适用于作各种电气设备、电动工具和日常用电器的电源线。根据电缆所承受的机械外力分为轻、中、重三种型式，绝缘层采用性能优良的一级橡皮，一般用天然丁苯橡皮护套，户外型产品采用氯丁橡皮护套。轻型橡套电缆 YQ、YQW 具有极好的柔软性，有利于不定向多次弯曲，电缆一般不直接承受机械外力，可连接交流电压 250V 及以下轻型移动电气设备，标称截面可分为 $0.30mm^2$、$0.50mm^2$、$0.75mm^2$，只有二芯和三芯两种。中型橡套电缆 YZ、YZW 能受一般的外力，具有足够的柔软性，以便移动弯曲，可连接交流电压 500V 及以下各种移动电气设备，标称截面可分为 $0.5mm^2$、$0.75mm^2$、$1.0mm^2$、$1.5mm^2$、$2.0mm^2$、$2.5mm^2$、$4.0mm^2$、$6.0mm^2$，有二芯、三芯和四芯三种。重型橡套电缆 YC、YCW 具有能承受较大的机械外力和自身拖曳力的能力，护套具有高弹性和高强度，宜于作交流电压 500V 及以下各种移动设备的电源线，标称截面为 10～$185mm^2$，有一芯、二芯、三芯、四芯和五芯五种。（W 是指户外型，具有耐气候和一定的耐油性能）。

（3）YH 系列电焊机用电缆

这种系列电缆专供一般环境中使用的电焊机二次侧接线及连接电焊钳用。首先，这种电缆是在低电压大电流条件下工作的，除了电流产生的热量外，还可能与焊件接触，因此要求耐热性能良好。其次，电缆在使用中经常收放、扭曲，还会受到刮擦等外力，因此要求柔软、耐弯曲，并且有足够的机械强度。另外，由于其所使用的环境复杂，如日晒、雨淋，还可能接触到泥水、油污及酸碱物品，因此要求保护层有一定的耐气候性、耐油、耐腐蚀性。电焊机用电缆有 YH、YHC、YHL 等。

第二节　导线及电缆的选择

施工现场临时用电的配电线路分为架空线路和电缆线路两种形式，所以配电线路的选择实际上是架空线路的选择和电缆线路的选择。

1. 架空配线的选择

架空配线的选择主要是选择导线类型和截面，其选择的依据主要是施工现场对架空配线的敷设要求和负荷计算的电流。

（1）导线类型的选择

按照施工现场对架空线路敷设要求，架空线必须采用绝缘导线，如绝缘铜线或绝缘铝线，但一般应优先选择绝缘铜线。常用的绝缘铜线有 BX 型铜芯橡皮绝缘导线、BV 和 BVR 型铜芯塑料绝缘导线及 BV-105 型耐热聚氯乙烯铜芯绝缘导线；常用的绝缘铝线有 BLX 型铝芯橡皮绝缘导线、BLV 铝芯塑料绝缘导线。

为了保证供电线路安全、可靠、优质、经济地运行，选择导线的截面时必须满足下列条件：

1）发热条件。导线在通过正常最大负荷电流（即计算电流）时产生的发热温度，不应超过其正常运行时的最高允许温度。

2）电压损失。导线通过正常最大负荷电流时产生的电压损耗，不应超过正常运行时允许的电压损耗。

3）机械强度。导线的截面不应小于最小允许截面，一般绝缘铝线不小于 $16mm^2$，绝缘铜线不小于 $10mm^2$。

根据设计经验，建筑施工临时用电，一般先按发热条件选择截面积，再校验其电压损失和机械强度。

（2）按发热条件选择导线的截面积

1）电线和电缆必须满足的发热条件

电流通过导线时，要产生电能损耗，使导线发热。绝缘导线的温度过高时，将使绝缘损坏，甚至引起失火。因此，导线在正常工作时，其发热温度不允许超过最高允许温度（65℃）。

按发热条件选择导线时，应使导线的允许载流量（导线允许的持续负荷）I_{yx} 不小于通过导线的最大负荷电流（计算电流）I_{js}，即

$$I_{yx} \geqslant I_{js}$$

常用低压绝缘导线明敷时允许载流量见表 9-4 和表 9-5。

500V铜芯和铝芯绝缘导线明敷时长期

连续负荷允许载流量（A） 表 9-4

导线截面 （mm²）	铜芯绝缘导线				铝芯绝缘导线			
	25℃		30℃		25℃		30℃	
	橡皮	塑料	橡皮	塑料	橡皮	塑料	橡皮	塑料
1.0	21	19	20	18				
1.5	27	24	25	20				
2.5	35	32	33	30	27	25	25	23
4	45	42	42	39	35	32	33	30
6	58	55	54	51	45	42	42	39
10	85	75	79	70	65	59	61	55
16	110	105	103	98	85	80	79	75
25	145	138	135	128	110	105	103	98
35	180	170	168	159	138	130	129	121
50	230	215	215	201	175	165	163	154
70	285	265	266	248	220	205	206	192
85	345	320	322	304	265	250	248	234
120	400	375	374	350	310	285	290	266
150	470	430	440	402	360	325	336	303
180	540	490	504	458	420	380	392	355

注：1. 导线线芯最高允许温度 $T_m = 65℃$。

2. 表中 25℃ 和 30℃ 是指环境温度。

BV-105 型耐热聚氯乙烯绝缘铜导线
明敷时的载流量（A）

表 9-5

导线截面	环境温度			
（mm²）	50℃	55℃	60℃	65℃
1.5	25	23	22	21
2.5	34	32	30	28
4	47	44	42	40
6	60	57	54	51
10	89	84	80	75
16	123	117	111	104
25	165	157	149	140
35	205	191	185	174
50	264	251	238	225
70	310	295	280	264
95	380	362	343	324
120	448	427	405	382
150	519	494	469	442

注：1. 芯线允许工作温度 T_m ＝105℃，适用于高温场所，但要求电线接头采用焊接，或绞接后表面搪锡处理。当导线与电线或电器接头允许温度为 95℃时，表中的载流量应乘以 0.93；当接头温度为 85℃时，表中数据应乘以0.84。

2. BLV-105 型铝芯耐热聚氯乙烯绝缘导线明敷时，载流量应以表中数据乘以0.78。

3. 表中数据适用于长期连续负荷。

4. 表中载流量是经计算得出，仅供选用参考。

必须注意：导线的允许载流量与环境有关。因此当敷设地点的环境温度与导线的允许载流量不匹配时，导线的允许载流量应乘以校正系数 K。K 值的计算公式为：

$$K = \sqrt{(T_m - T_2)/(T_m - T_1)} \qquad (9\text{-}1)$$

式中 K ——校正系数；

　　　T_1 ——表中所给出的环境温度，℃；

　　　T_2 ——导线敷设的实际环境温度，℃；

　　　T_m ——芯线允许工作温度（105℃）。

2）中性线截面的选择

三相四线制线路中的中性线，由于正常情况下其中通过的电流仅为三相不平衡电流或零序电流，通常都比较小，因此相关规程规定，中性线截面一般不得小于相线截面的 50%，即 $S_0 \geqslant 0.5S_\varphi$。

但对于三次谐波电流相当突出的三相四线制线路，由于各相的三次谐波都通过中性线，中性线的电流可能接近相电流，因此中性线截面应与相线截面相同，即 $S_0 = S_\varphi$。

（3）按电压偏移选择导线截面

由于线路存在着阻抗，所以在负荷电流通过线路时要产生电压损耗或电压降落。线路末端电压偏移一般不超过 5%。如线路的电压偏移值超过了允许值，则应适当增加导线的截面，使之不超过允许的电压损失。

所谓电压偏移，一般是指负偏移，即电压损失，它是指线路始末端电压偏移值占线路额定电压的百分数，即：

$$\Delta U\% = (U_1 - U_2)/U_e \times 100\% \qquad (9\text{-}2)$$

式中 U_2 ——线路末端电压，V；

　　　U_1 ——线路首端电压，V；

　　　U_e ——线路额定电压，V。

在通常情况下，电压偏移百分数可按下列公式计算：

$$\Delta U\% = \frac{R_0}{10U_e^2}\sum_1^n P_a L_a + \frac{X_0}{10U_e^2}\sum_1^n Q_a L_a = \Delta U_a\% + \Delta U_r\%$$

$$(9\text{-}3)$$

式中 $\Delta U_r\% = \dfrac{X_0}{10U_e^2}\sum_1^n Q_a L_a$ ——无功负荷及电抗引起的电压

损失；

$\quad\quad\quad \Delta U_a\% = \dfrac{R_0}{10U_e^2}\sum_1^n P_a L_a$ ——有功负荷及电抗引起的电压

损失；

R_0、X_0 ——每公里线路的电阻和电抗，
参见表 9-6、表 9-7；

P_a、Q_a ——各支线的有功功率、无功功
率，kW；

U_e ——线路额定电压，kV；

L_a ——电源至各支线负荷的距离，
km。

在某些情况下，由于 X_0 很小或 Q 不大，$\Delta U_r\%$ 远小于 $\Delta U_a\%$，故 $\Delta U_r\%$ 可以忽略不计。

BV、BLV 聚氯乙烯绝缘线的电阻和电抗 表 9-6

导线截面（mm²）		16	25	35	50	70	95	120	150	240
电阻（Ω/km）	BV	1.2	0.74	0.54	0.39	0.28	0.2	0.158	0.123	0.103
	BLV	1.98	1.28	0.92	0.64	0.46	0.34	0.27	0.21	0.17
电抗（Ω/km）		0.302	0.290	0.282	0.269	0.263	0.252	0.250	0.243	0.237

注：线间几何均距为 0.3m。

BX、BLX 橡皮绝缘线的电阻和电抗 表 9-7

导线截面（mm²）		16	25	35	50	70	95	120	150	240
电阻（Ω/km）	BX	1.2	0.74	0.54	0.39	0.28	0.2	0.158	0.123	0.103
	BLX	1.98	1.28	0.92	0.64	0.46	0.34	0.27	0.21	0.17
电抗（Ω/km）		0.295	0.283	0.277	0.267	0.258	0.249	0.244	0.238	0.232

注：线间几何均距为 0.3m。

（4）按机械强度校验导线截面

导线的截面不应小于最小允许截面，其最小允许截面见表 9-8。

导线最小允许截面　　　　　　表 9-8

敷设条件		最小截面（mm^2）		备　注
		铜线	铝线	
架空导线的相线和零线		10	16	
架空跨越铁路、公路、河流的电力线		16	35	
接户线	架空敷设	4	6	敷设长度 10～25m
		2.5	4	敷设长度 10m 以下
	沿墙敷设	4	6	敷设长度 10～25m
		2.5	4	敷设长度 10m 以下
室内照明线		1.5	2.5	

2. 电缆配线的选择

电缆的选择主要是选择电缆的类型和电缆芯线的截面，其选择依据主要是施工现场对电缆敷设的要求和负荷计算的电流。

（1）施工现场临时用电的电缆类型选择

电缆的类型应根据敷设方式、环境条件来选择。电缆的敷设方式有架空敷设、埋地敷设两种，架空电缆宜采用 YCW 重型橡套电缆以及 XLV、XV、XLF、XF、XLQ、XQ 等橡皮绝缘电力电缆。施工现场适用的埋地电缆类型为 VLV、VV、ZR-VLV、ZR-VV 系列聚氯乙烯绝缘护套电力电缆（五芯聚氯乙烯绝缘护套电力电缆芯线结构见表 9-9）。

五芯聚氯乙烯绝缘护套阻燃型（ZR）和非阻燃型
电力电缆芯线结构分类表

表 9-9

芯数	导体规格 主线芯＋N线＋PE线	芯数	导体规格 主线芯＋N线＋PE线	芯数	导体规格 主线芯＋N线＋PE线
3＋2 （三大二小）	3×4＋2×2.5	4＋1 （四大一小）	4×4＋1×1.5	5	5×4
	3×6＋2×4		4×6＋1×4		5×6
	3×10＋2×6		4×10＋1×6		5×10
	3×16＋2×10		4×16＋1×10		5×16
	3×25＋2×16		4×25＋1×16		5×25
	3×35＋2×16		4×35＋1×16		5×35
	3×50＋2×25		4×50＋1×25		5×50
	3×70＋2×35		4×70＋1×35		5×70
	3×95＋2×50		4×95＋1×50		5×95
	3×120＋2×70		4×120＋1×70		5×120
	3×150＋2×70		4×150＋1×95		5×150
	3×185＋2×95		4×185＋1×95		5×185
	3×240＋2×120		4×240＋1×120		5×240

（2）电缆芯线截面的选择

电缆芯线截面的选择与架空导线截面的选择一样，先按发热条件选择电缆芯线截面，然后校验电压偏移。由于电缆的机械强度很好，因此电缆可不校验机械强度。

1）按发热条件选择电缆芯线的截面

按发热条件选择电缆芯线的截面，应使导线的允许载流量（导线允许的持续负荷）I_{yx} 不小于通过导线的最大负荷电流（计算电流）I_{js}，即 $I_{yx} \geqslant I_{js}$。

常用电缆长期连续负荷允许载流量见表 9-10～表 9-13。

橡皮绝缘电力电缆在空气中敷设的载流量　　　　表 9-10

主线芯数× 截面 (mm²)	中性线 芯截面 (mm²)	载流量 (A)			
		铜芯		铝芯	
		XV	XF、XHF、 XQ、XQ$_{20}$	XLV	XLF、XLHF、 XLQ、XLQ$_{20}$
3×1.5	1.5	18	19		
3×2.5	注2	24	25	19	21
3×4	2.5	32	34	25	27
3×6	4	40	44	32	35
3×10	6	57	60	45	48
3×16	6	76	81	59	64
3×25	10	101	107	79	85
3×35	10	124	131	97	104
3×50	16	158	170	124	133
3×70	25	191	205	150	161
3×95	35	234	251	184	197
3×120	35	269	289	212	227
3×150	50	311	337	245	263
3×185	50	359	388	284	303

注：1. 电缆芯线最高允许工作温度 T_m=65℃，周围环境温度为 25℃。

2. 主芯线为 2.5mm² 的铝芯电缆，其中性线截面仍为 2.5mm²；主芯线为 2.5mm² 的铜芯电缆，其中性线截面为 1.5mm²。

3. XLQ 型电缆最小规格为 3×4+1×2.5。

通用橡皮软电缆在空气中敷设的载流量　　　　表 9-11

主芯线截面 (mm²)	中性线截面 (mm²)	YC、YCW、YHC 型载流量 (A)			
		三芯、四芯			
		25℃	30℃	35℃	40℃
2.5	1.5	26	24	22	20
4	2.5	34	31	29	23

152

主芯线截面 (mm²)	中性线截面 (mm²)	YC、YCW、YHC 型载流量（A）			
		三芯、四芯			
		25℃	30℃	35℃	40℃
6	4	43	40	37	34
10	6	63	58	54	49
16	6	84	78	72	66
25	10	115	107	99	90
35	10	142	132	122	112
50	16	176	164	152	139
70	25	224	209	193	177
95	35	273	255	236	215
120	35	316	295	273	249

五芯聚氯乙烯绝缘护套阻燃型（ZR）和

非阻燃型电力电缆埋地敷设长期允许载流量　　表 9-12

标称截面 (mm²)	长期连续负荷允许载流量参考值（A）			
	无铠装		铠　装	
	VV ZR-VV	VLV ZR-VLV	VV₂₂、VV₃₂、VV₄₂ ZR-VV₂₂、ZR-VV₃₂、 ZR-VV₄₂	VLV₂₂、VLV₃₂、VLV₄₂ ZR-VLV₂₂、ZR-VLV₃₂、 ZR-VLV₄₂
4	27	20	32	20
6	34	26	40	26
10	46	35	53	35
16	67	54	69	51
25	91	67	91	67
35	109	81	109	81
50	130	95	130	98
70	158	116	158	119
95	189	140	189	140

标称截面（mm²）	长期连续负荷允许载流量参考值（A）			
	无铠装		铠　　装	
	VV ZR-VV	VLV ZR-VLV	VV₂₂、VV₃₂、VV₄₂ ZR-VV₂₂、ZR-VV₃₂、 ZR-VV₄₂	VLV₂₂、VLV₃₂、VLV₄₂ ZR-VLV₂₂、ZR-VLV₃₂、 ZR-VLV₄₂
120	217	161	217	161
150	242	179	242	182
185	273	203	273	203
240	319	238	319	238

注：1. 电缆芯线最高额定温度为70℃，短路时为130℃。

　　2. 表中"V"表示聚氯乙烯塑料，"ZR"表示阻燃，"22"表示钢带铠装，"32"表示钢丝铠装，"42"表示粗钢丝铠装。

五芯聚氯乙烯绝缘护套阻燃型（ZR）和非阻燃型电力电缆架空敷设长期允许载流量　　表9-13

标称截面（mm²）	长期连续负荷允许载流量参考值（A）			
	无铠装		铠　　装	
	VV ZR-VV	VLV ZR-VLV	VV₂₂、VV₃₂、VV₄₂ ZR-VV₂₂、ZR-VV₃₂、 ZR-VV₄₂	VLV₂₂、VLV₃₂、VLV₄₂ ZR-VLV₂₂、ZR-VLV₃₂、 ZR-VLV₄₂
4	22	17	25	17
6	32	23	32	22
10	44	30	44	29
16	55	41	58	41
25	74	53	75	56
35	90	68	94	68
50	113	83	116	86
70	139	105	143	105
95	173	128	176	131
120	199	146	203	150

标称截面 (mm²)	长期连续负荷允许载流量参考值（A）			
	无铠装		铠　装	
	VV ZR-VV	VLV ZR-VLV	VV₂₂、VV₃₂、VV₄₂ ZR-VV₂₂、ZR-VV₃₂、 ZR-VV₄₂	VLV₂₂、VLV₃₂、VLV₄₂ ZR-VLV₂₂、ZR-VLV₃₂、 ZR-VLV₄₂
150	225	169	233	173
185	263	195	266	199
240	311	233	315	236

2）按电压损失校验电缆芯线截面

电缆线路按电压损失校验电缆芯线截面的方法与架空线路的校验方法基本相同，只不过电缆线路的芯线间距很小，线路电抗较小，电抗引起的电压损失也较小。通常对于三芯到五芯电缆，当电缆芯线标称截面小于或等于 $50mm^2$ 时，因其单位长度上的电抗很小而可忽略不计，当电缆芯线标称截面大于或等于 $70mm^2$ 时，其单位长度上的电抗可近似取为 $X_0 \approx 0.07\Omega/km$。五芯聚氯乙烯电力电缆的导体电阻见表 9-14。

五芯聚氯乙烯绝缘护套阻燃型

（ZR）和非阻燃型电力电缆导体电阻　　表 9-14

导线标称截面 (mm²)	20℃时导体线芯最大直流电阻（Ω/km）		导线标称截面 (mm²)	20℃时导体线芯最大直流电阻（Ω/km）	
	铜	铝		铜	铝
1.5	—	—	70	0.268	0.443
2.5	7.41		95	0.193	0.320
4	4.61	7.41	120	0.153	0.253
6	3.08	4.61	150	0.124	0.206
10	1.83	3.08	185	0.0991	0.164
16	1.15	1.91	240	0.0754	0.125
25	0.727	1.2	300	0.0601	0.100
35	0.524	0.868	400	0.0470	0.0778
50	0.387	0.641	500	0.0366	0.0605

3. 室内配线的选择

室内配线必须采用绝缘导线或电缆，根据这一原则，考虑室内是人员密集活动的场所，所以对导线和电缆线的选择要求应不低于架空线路和电缆线路对导线和电缆的要求。

第三节　配电线路配线方式

1. 概述

电力线路是电力系统的重要组成部分，担负着输送和分配电能的重要任务。

电力线路按电压高低分，有高压线路——1kV 以上的线路和低压线路——1kV 及以下的线路。按结构形式分，有架空线路、电缆线路和户内配电线路等。以下主要介绍建筑施工临时用电低压线路的配线方式。

2. 低压临时用电的配线方式

低压临时用电的配线方式有放射式、树干式、链式和环形式等。

（1）放射式配线

放射式配线是指独立负载或集中负载均由一单独配电线路供电，如图 9-1 所示。

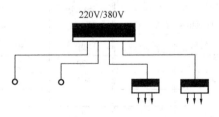

图 9-1　放射式配线

放射式配线的特点是：其引出线发生故障时互不影响，供电的可靠性高；但在一般情况下，其有色金属消耗量大，采用的开关设备也较多。这种接线方式多用于供电可靠性要求高的场合，特别是用于大型设备供电，如大型水泵、搅拌机组、卷扬机等。

（2）树干式配线

树干式配线是指一些独立负载或一些集中负载按它们所在位置依次连接到某一条配电干线上，如图 9-2 所示。

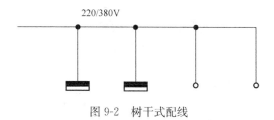

220/380V

图 9-2　树干式配线

树干式配线特点正好与放射式配线相反，一般情况下，它采用的开关设备较少，有色金属消耗量也较少；但干线发生故障时影响范围大，所以供电的可靠性差。树干式配线用于容量小且分布均匀的用电设备。

（3）链式配线

链式配线类似树干式配线，但各负载与干线之间不是独立连接，而是关联链接，如图 9-3 所示。

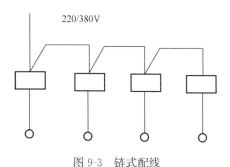

220/380V

图 9-3　链式配线

链式配线既有放射式也有树干式，它结合了放射式和树干式的优点，在临时用电配线方式中较为常见，适用于相距较近且不很重要的小容量负载场所，但链接独立负载不宜超过 3～4 个。

（4）环形式配线

环形式配线是指若干变压器低压侧通过联络线程开关接成环状的配电线路，如图 9-4 所示。其主要优点是任一段线路发生故障时均不会造成供电中断，供电可靠性高，并且可使电压损耗和电能损耗减少。其缺点是继电保护装置的整定、配合较复杂。

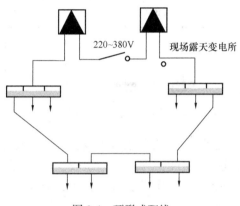

图 9-4　环形式配线

3. 临时用电供电线路的结构

电力线路从结构上分，有架空线路和电缆线路。

由于架空线路与电缆线路相比，有较多的优点，如成本低、投资少、安装容易、维护和检修方便、易于发现和排除故障等，所以架空线路在建筑施工现场临时用电中广泛采用。

电缆线路与架空线路相比，虽然具有成本高、投资大、维修不便等缺点，但它却具有运行可靠、不易受外界影响、不需架设电杆、不占地面、不碍观瞻等优点，特别是在有腐蚀性的气体和易燃、易爆的场所，不宜架设架空线路时，则可敷设电缆线路。

4. 施工现场配线的选择

对于施工现场临时用电工程来说，实际采用哪一种配线方式，可考虑下述原则：

（1）采用架空线路时，由总配电箱至分配电箱宜采用放射-树干式配线，由分配电箱至开关箱也宜采用放射-树干式配线，或放射-链式配线。

（2）采用电缆线路时，由总配电箱至分配电箱宜采用放射式配线，由分配电箱至开关箱也宜采用放射式配线或放射-链式配线。

（3）采用架空-电缆混合线路时，可综合运用上述(1)、(2)所确定的原则。

（4）采用多台专用变压器供电，施工现场规模较大，且属于重要工程的施工现场，可考虑环形配线方式。

第四节　配电线路的架设安装方式

临时用电工程的配电线路是指从临时用电变电所到用电设备的一段线路，它担负着施工现场电能的分配任务。它包括室外配电线路和室内配电线路。室外配电线路的安装方式有导线架空敷设、电缆直埋敷设、电缆沟敷设和电缆穿管理地敷设。室内配电线路的安装方式有穿管敷设、线槽敷设和瓷瓶瓷夹敷设。

1. 架空线路

（1）低压架空线路的结构

低压架空线路的结构由电杆、绝缘子、导线、横担及基础组成。

1）电杆

临时用电工程中配电线路所用的电杆有木杆和混凝土杆两种。目前配电线路广泛使用的是木杆。其材质必须坚实，不得有腐朽、劈裂及其他损坏。木杆总长度应使架空线最大弧垂满足规范要求，木杆根部应涂防水涂料或做烧焦处理。

电杆按其在线路中的作用可分为直线杆、耐张杆、分支杆、转角杆和终端杆等。

220/380V 架空配电线路电杆的档距不得超过 35m，一般为 15～20m。

2）绝缘子（瓷瓶）

临时用电工程中配电线路的绝缘子分针式和蝴蝶式两种。

直线杆采用针式绝缘子，其型号与架设导线的适用范围如下：

① PD-1-1 型：1 号低压针式绝缘子，适用于 50mm² 以上的绝缘导线。

② PD-1-2 型：2 号低压针式绝缘子，适用于 25～50mm² 绝缘导线。

③ PD-1-3 型：3 号低压针式绝缘子，适用于 16mm² 以下的绝缘导线。

耐张杆、终端杆采用蝴蝶式绝缘子，其型号与架设导线的适用范围如下：

① ED-1 型：1 号蝴蝶式绝缘子适用于 95mm² 以上的绝缘导线。

② ED-2 型：2 号蝴蝶式绝缘子适用于 50～70mm² 的绝缘导线。

③ ED-3 型：3 号蝴蝶式绝缘子适用于 25～35mm² 的绝缘导线。

④ ED-4 型：4 号蝴蝶式绝缘子适用于 16mm² 以下的绝缘导线。

当采用木横担时，应使用木横担直脚针式绝缘子，因为它的脚长，可穿过木横担用螺母拧紧。

3）导线

临时用电工程配电线路中的架空线路其电压一般为 220/380V，它应采用 500V 及以上电压等级的绝缘铜线或绝缘铝线，对气候比较潮湿的地区则宜选用绝缘铜导线。

架空线路的线间距离不得小于 0.3m。

架空线路的导线截面应满足下列要求：

① 导线中的负荷电流不大于其允许载流量。

② 线路末端电压偏移不大于额定电压的 5%。

③ 单相线路的零线截面与相线截面相同，三相四线制的工作零线和保护零线截面不小于相线截面的 50％。

④ 为满足机械强度的要求，绝缘铝线截面积不小于 $16mm^2$，绝缘铜线截面积不小于 $10mm^2$，跨越铁路、公路、河流，电力线路档距内的绝缘铝线最小截面积不小于 $35mm^2$，绝缘铜线最小截面积不小于 $16mm^2$。

4）横担

临时用电工程中配电线路所用的横担有铁横担和木横担两种，但目前普遍采用的是铁横担。

5）基础

电杆基础是指电杆埋入地下的部分，其作用是保证电杆在运行中不发生下沉、变形或倾倒。木杆的基础是指木杆本身的地下部分和地下横木。

（2）架空线路的架设

低压架空线路的架设包括杆位复测、挖坑、排杆、组杆、立杆、拉线等。

1）杆位复测

根据临时用电工程施工组织设计，应对原钉立的标桩进行复测，检查是否与施工组织设计相符，如有偏差，应进行调整。

2）挖坑

根据选用的电杆类型确定挖坑尺寸。

当选用无底盘混凝土杆时，应采用螺旋钻孔器、夹铲等工具挖成圆坑。挖掘时，将螺旋钻孔器的钻头对准杆位标桩，由两人推动旋转，每钻进 $150\sim200mm$，拔出钻孔器用夹铲清土，直到钻成所要求的深度为止。圆坑直径比杆根径大 100mm 为宜。

3）排杆

根据临时用电施工组织设计所列杆号与杆型，对电杆进行预检和编号，将合格的电杆进行编号并分别运到便于立杆的对应杆坑处。

4）组杆

为提高安装效率，一般应在地面上将杆顶部的横担、绝缘子、金具等全部组装后再整体立杆。

5）立杆

立杆的方法很多，常用的有汽车起重机立杆、人字抱杆立杆、三脚架立杆和倒落式立杆等。

① 汽车起重机立杆

这种方法适用范围广，而且安全快捷，有条件的施工现场应尽量采用。立杆时，先将汽车起重机开到距坑道的适当位置加以稳固，然后在电杆（从根部量起）1/3～1/2 处系一根起吊钢丝绳，再在杆顶向下 500mm 处临时系三根调整绳。起吊时，由一人负责指挥，当杆顶离地面 500mm 时，对各处绑扎的绳扣进行一次安全检查，确认无误后再起吊，电杆竖立后，调整电杆使其位于线路中心线上，然后逐层填土。

② 人字抱杆立杆

这种方法主要依靠装在人字抱杆顶部的滑轮组，通过钢丝绳穿绕杆脚上的转向滑轮，引向绞磨或手摇卷扬机来吊立杆。

③ 三脚架立杆

三脚架立杆主要依靠在三脚架上的卷扬机、上下两只滑轮、牵引钢丝绳等吊立杆。立杆时首先将三脚架以电杆坑为中心竖立并使三脚架稳固，然后在电杆梢部系三根拉绳，以便控制立杆。最后在电杆杆身 1/2 处系一根起吊钢丝绳并套在滑轮吊钩上，缓慢开动卷扬机立杆。

④ 倒落式立杆

倒落式立杆主要依靠抱杆、滑轮、卷扬机、钢丝绳等吊立杆。立杆时将抱杆和电杆同时竖起，当电杆起升至适当位置时，缓慢松动制动绳，使电杆根部逐步进入坑内。

⑤ 立杆时注意事项

A. 电杆的埋设深度一般为杆长的 1/10 另加 0.6m，但在松软土质或斜坡处应适当加大埋设深度或采用卡盘等加固。

B. 电杆高出地面 1m 左右时，应停止起立，观察立杆工具和绳索吃力情况，如有异常，应将电杆放回地面调整。

C. 电杆起立后回土前，各方临时拉线不得拆除。指挥人员应检查电杆是否正直，横担与线路是否垂直，如有偏差，应调整后再回填土。

D. 埋土夯实时，应每埋土 300～500mm 夯实一次，坑内如有积水，应在积水清除后再回填土。回填土应高出地面 300～500mm。

6）拉线

拉线的作用是防止电杆架线后出现受力不平衡而使电杆歪斜、倾倒。临时用电工程中的拉线包括普通拉线、侧面拉线、水平拉线和自身拉线四种。

① 普通拉线：用于终端杆和转角杆。装设在电杆受力的反面，其作用为平衡电杆所受的单向力。

② 侧面拉线：用于交叉跨越和耐张较长的线路上，其作用是平衡横线路的风力。

③ 水平拉线：多用于跨过道路的电杆上。

④ 自身拉线：也叫弓形拉线，常用于场地狭窄，受力不大的电杆上。

拉线所用的材料有镀锌钢绞线或镀锌铁线两种。镀锌钢绞线施工方便，强度稳定，推荐使用。镀锌钢绞线的截面积应不小于 25mm²。

拉线与电杆的夹角应在 30°～45°之间，拉线埋设深度宜为 1.2～1.5m，混凝土杆上的拉线应在高于地面 2.5m 处装设拉紧绝缘子。

拉线固定于电杆上的位置应符合下列规定：

A. 导线按三角形排列时，在横担上方距横担中心 150～300mm 处。

B. 导线按水平排列时，在横担下方距横担中心 150～300mm 处。

拉线坑应设马道，使拉线棒与拉线成一直线，回填土时应将土块打碎后夯实。拉线坑宜设防沉层，连接拉线棒和拉线盘的U形螺丝处应加垫板，并带双螺母。拉线棒外露部分的长度宜为500～700mm。

拉线施工时，应做好以下几项工作：

① 线路转角在45°及以下时，可以装设合力拉线，即在原线路和转角后的角平分线、合力的反方向打一条拉线；45°以上转角时，应分别沿两方向线路张力的反方向个打一条拉线。双排以上横担时，根据需要可以打V形拉线（共同拉线）。分支杆拉线应装设在电杆线路张力的反方向侧。

② 拉线必须在架设导线前打好。

③ 因受地形的限制而不能装设拉线时，可用撑杆代替拉线。

7）撑杆

撑杆的作用同拉线。当因地形环境限制不能采用拉线时，可采用撑杆代替，撑杆埋深不得小于0.8m，在底部垫底盘或石块。撑杆与立杆的夹角一般为30°。

8）导线架设

① 准备工作。放线前应清除沿线的一切障碍物，检查导线的规格是否符合设计要求，有无严重的机械损伤，有无断股、破股、导线扭曲现象，绝缘导线的绝缘电阻常温下应不小于0.5MΩ。

② 放线。放线是把导线从线盘上放出来架设在电杆上。放线有拖放法和展放法两种。拖放法是将线盘架放在放线架上拖放导线，展放法则是将线盘架放在汽车上，行驶中展放导线。施工现场一般采用拖放法放线。

放线时，要逐条施放，避免导线磨损、死弯和断股，宜选用放线车或放线架施放。

放线穿过公路、铁路时，要有专人观看车辆，防止发生事故。

放线时须用开口放线滑轮，不得使导线在横担上拖拉。

对于低压配电线路，放线时还应注意架空线路的相序：

A. 在同一横担架设时，导线相序排列是：面向负荷，从左至右分别为 L_1、N、L_2、L_3。

B. 和保护零线在同一横担架设时，导线相序排列是：面向负荷，从左至右分别为 L_1、N、L_2、L_3、PE。

C. 动力线、照明线在两个横担上分别架设时，上层横担面向负荷从左起为 L_1、L_2、L_3；下层横担面向负荷从左侧起为 L_1、(L_2、L_3)、N、PE；在两个横担上架设时，最下层横担面向负荷，最右边的导线为保护零线 PE。

③ 导线连接

绝缘导线的连接一般采用压接法和插接法。多股铜导线一般采用插接法。施工时先拧开两根导线头，把它们交叉在一起，再用绑线在中间缠绕 50mm，然后再用导线本身的单股线或双股线向两端逐步缠绕。一股缠完后，将余下的线尾压在下面，再用另一股缠绕，直至缠完为止，全部缠完后的插接接头，导线截面在 $50mm^2$ 以下的连接长度一般为 $200 \sim 300mm$。

9）紧线

紧线前要先做好耐张杆、转角杆和终端杆的拉线，然后分段紧线。紧线时应根据导线截面的大小和线路的长短，选用人力紧线、紧线器紧线、绞磨紧线或汽车紧线。为防止横担扭转，可同时紧两根线甚至三根线。

紧线时应根据当时的气温，确定导线的弧垂值，临时用电工程要求 220/380V 配电线路在最大弧垂时导线与地面的最小距离不得小于 4m。

10）导线固定

导线在绝缘子上的固定一般采用绑扎方式。绑扎的要求是绑线排列整齐并扎实，绑线与导线应选用同一种金属，严禁用金属裸线做绑线。

2. 电缆线路

（1）配电线路的常用电缆

临时用电工程配电线路所用的电缆根据使用功能可分为电力

电缆和控制电缆两种，而电力电缆主要有塑料绝缘电缆和橡皮绝缘电缆。

1）塑料绝缘电缆：包括聚氯乙烯、聚乙烯绝缘及护套电缆。其绝缘性能好，抗腐蚀，具有一定的机械强度，制造简单，允许在工作温度≤65℃，环境温度不低于−40℃的条件下使用。其中塑料护套的 VV、VLV 型电缆可以敷设在室内、隧道及管道中，钢带铠装的电缆（如 VV_{22}、VLV_{22} 型），可以敷设在地下，能承受机械外力但不能承受大的拉力。

2）橡皮绝缘电缆：柔软性好，易弯曲，橡皮在很大的温差范围内具有弹性，适宜多次拆装；耐寒性好，有较好的电气性能和机械性能，但耐热、耐油的性能较差，只适用于 500V 以下的线路。聚氯乙烯护套的 XV、XLV 型电缆，可以敷设在室内、隧道及管道中，不能承受机械力的作用，钢带铠装的电缆（如 XV_{22}、XLV_{22} 型），可以在地下敷设并能承受机械外力的作用。

3）控制电缆：用于连接电气仪表、继电保护和自动控制回路，施工现场升降设备的限位控制线路就采用了控制电缆。

4）常用电缆的型号及含义见表 9-15。

常用电缆的型号及含义 表 9-15

电缆代号	含义	适用场合
VV、VLV	聚氯乙烯绝缘、聚氯乙烯护套铜、铝芯电力电缆	室内、隧道及管道中，不能承受外力作用
VV_{22}、VLV_{22}	聚氯乙烯绝缘、聚氯乙烯护套内钢带铠装铜、铝芯电力电缆	地下，可承受机械外力作用，但不能承受大的拉力
VV_{32}、VLV_{32}	聚氯乙烯绝缘、聚氯乙烯内细钢丝铠装铜、铝芯电力电缆	水中，能承受相当的拉力
XV、XLV	橡皮绝缘、聚氯乙烯护套铜、铝芯电力电缆	室内、隧道及管道中，不能承受机械外力作用
XF、XLF	橡皮绝缘、氯丁护套铜、铝芯电力电缆	室内、隧道及管道中，不能承受机械外力作用

电缆代号	含义	适用场合
XV_{22}、XLV_{22}	橡皮绝缘、聚氯乙烯护套内钢带铠装铜、铝芯电力电缆	地下、可承受机械外力作用，但不能承受大的拉力
YQ、YQW	轻型橡套电缆，耐油污轻型橡套电缆	<250V AC 轻型移动电气设备
YZ、YZW	中型橡套电缆，耐油污中型橡套电缆	<500V AC 移动电气设备
YC、YCW	重型橡套电缆，耐油污重型橡套电缆	交流 500V 及以下各种移动电气设备，能承受较大的机械外力作用
YH、YHL	电焊移动电缆（铜、铝芯）	电焊机二次侧与电焊钳间
KVV	聚氯乙烯绝缘、聚氯乙烯护套铜芯控制电缆	500V 及以下控制回路

（2）直埋敷设

根据相关规范的要求，电缆不得明敷在通行的路面上。供电电缆敷设主要有直埋敷设和架空敷设两种方式，本处主要介绍直埋敷设方式的相关内容。

1）电缆壕沟

按已批准的临时用电施工组织设计复核电缆的走向，确定电缆沟的开挖尺寸。一般情况下，电缆的埋地深度应不小于600mm，因此要求电缆沟的开挖深度应不小于700mm。电缆壕沟的宽度根据直埋电缆的根数和外径确定，图 9-5 为电缆直埋敷设时的壕沟断面图。

当采用人工挖土方式且土抛于沟边时，沟槽最大边坡坡度（边坡比）$h：L$ 的要求应按表 9-16 确定。

沟槽最大边坡坡度（边坡比）$h：L$ 的要求 表 9-16

土壤名称	砂土	亚砂土	亚黏土	黏土	含砾石、卵石土	泥炭岩垩土	干黄土
边坡比	1：1	1：0.67	1：0.5	1：0.33	1：0.67	1：0.33	1：0.25

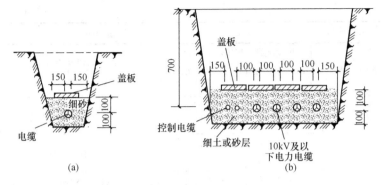

图 9-5 电缆直埋敷设时壕沟断面图

（a）单根电缆；（b）多根电缆

当挖掘电缆壕沟时，如遇垃圾及有腐蚀性杂物，应清除并换土，沟底须铲平夯实。

2）电缆沟铺砂或回软土

电缆敷设前应在电缆壕沟底部铺不小于 50mm 厚的砂子或软土，砂子及软土内不得含有尖硬石块等物。

3）电缆敷设

① 电缆敷设前必须检查型号、电压等级、截面、合格证等与施工组织设计是否相符。电缆的绝缘电阻用 500V 兆欧表检测且必须大于 40MΩ。

② 塑料绝缘电力电缆敷设时，敷设现场的温度应不低于 0℃。

③ 电缆拖放时必须从盘上端引出，禁止在支架底面拖拉，也不应使电缆过度弯曲。

④ 从其他工程周转到施工现场的电缆，施放前应仔细地进行外观检查，确认无损伤后再进行绝缘电阻检查，合格后方可使用。在终端与接头处留足备用长度后若仍有富余，可将富余的部分电缆在进变配电所前盘绕（单芯电缆除外），但电缆与电缆之间须留有一定的间隙，盘绕半径也应不小于电缆外径的 20 倍。

⑤ 电缆敷设的最小弯曲半径应不小于供电电缆外径的 10 倍，当为铠装电缆时，其最小弯曲半径应不小于电力电缆外径的

20倍。电缆最小弯曲半径见表 9-17。

电缆最小弯曲半径　　　　　　　　表 9-17

电缆形式		电缆最小弯曲半径
控制电缆		10D
橡皮绝缘电力电缆	无铅包、钢铠护套	10D
	裸铅包护套	15D
	钢铠护套	20D
聚氯乙烯绝缘电力电缆		10D

⑥ 电缆之间，电缆与其他管道、道路、建筑物等之间平行或交叉时的最小净距，应符合表 9-18 的规定。严禁将电缆平行敷设于管道的上方或下方。但当电缆穿入管中或用隔板隔开时，平行净距可降至 0.1m，交叉净距可降至 0.25m（只在交叉附近的 1m 范围加保护管或隔板）。

电缆之间，电缆与管道、道路、
建筑物之间平行和交叉时的最小净距（m）　　表 9-18

项目		最小净距（m）	
		平行	交叉
电力电缆间及其控制电缆间	10kV 及以下	0.10	0.50
	10kV 以上	0.25	0.50
控制电缆间		—	0.50
不同使用部门的电缆间		0.50	0.50
热管道（管沟）及热力设备		2.00	0.50
油管道（管沟）		1.00	0.50
可燃气体及易燃液体管道（沟）		1.00	0.50
其他管道（管沟）		0.50	0.50
铁路路轨		3.00	1.00
电气化铁路路轨	交流	3.00	1.00
	直流	10.00	1.00

项目	最小净距（m）	
	平行	交叉
公路	1.50	1.00
城市街道路面	1.00	0.70
杆基础（边线）	1.00	—
建筑物基础（边线）	0.60	—
排水沟	1.00	0.50

⑦ 在引入建筑物或与地下建筑物交叉及绕过地下建筑物处，可浅埋，但一般应采取穿管保护措施。电缆与道路、铁路等交叉时应加保护管，保护管两端伸出路基不应小于1m，保护管内径应大于电缆外径1.5倍，且不得小于100mm。保护管管口应光滑、无毛刺，两端口应作喇叭口。

⑧ 电缆敷设应排列整齐，留有适量的余度（蛇形敷设）但不宜交叉。

4）盖板、回土和标志桩

① 直埋电缆的上部应加盖保护板，其覆盖宽度应超过电缆两侧各50mm，保护板可采用混凝土盖板或砖块。

② 直埋电缆经隐蔽验收合格后方可回填土。回填土应分层夯实。

③ 电缆进入建筑物、盘柜以及穿入管子时，出入口应封闭，管口应密封。

④ 在埋设电缆的转弯处、接头处，直线部分每隔50～100m竖立固定的标志桩，标志桩可采用钢筋混凝土预制，安装方法如图9-6所示。其中，电缆标志桩采用150号钢筋混凝土预制，标志桩（一）埋设于电缆中心位置，标志桩（二）埋设于沿送电方向右侧。

（3）电缆沟敷设

电缆沟敷设方式较直埋式投资高，但容纳电缆较多，且检修

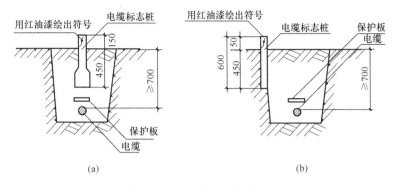

图 9-6 直埋电缆标志桩安装图

(a) 直埋标志桩（一）；(b) 直埋标志桩（二）

方便。当施工现场用电设备范围广、电缆数量多时，可选择电缆沟敷设方式。

1）电缆沟

根据敷设于电缆沟内电缆的数量，电缆沟分为单侧支架电缆沟和双侧支架电缆沟。图 9-7(a)、图 9-7(b) 分别为单、双侧支架电缆沟剖面图。

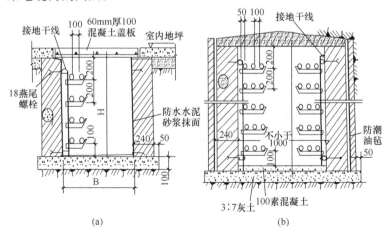

图 9-7 单、双侧支架电缆沟剖面图

（a）单侧支架；(b) 双侧支架

① 可在土建砌沟完成后采用膨胀螺栓安装电缆支架，电缆支架的预埋件在土建施工时进行预埋，支架须进行防腐处理后再安装。

② 电缆沟转角段的砌筑应根据沟内敷设电缆的允许最小半径的最大值来确定。

③ 电缆沟壁应采用防水砂浆抹面。

④ 在电缆沟内应敷设连通全长的连续的接地线，接地线的两端和接地极相通，接地线可采用25mm×4mm镀锌扁钢。电缆的接地线应与电缆支架连通接地。

2）电缆敷设

① 电缆敷设时允许的最低温度、弯曲半径，绝缘电阻及标志桩、标志牌的设置应符合规范要求。

② 电缆敷设顺序宜自下而上进行，支架上的电缆应排列整齐，平行距离不小于100mm，应留有适当的余度作波浪形敷设。电缆的排列次序宜按电压等级排列，高压在上面，低压在下面，控制电缆在最下面。

③ 电缆由电缆沟引出时，引出电缆的保护管应高出电缆沟2m，沟内长度不小于20mm。

④ 电缆敷设完毕后，应盖上水泥盖板。室内水泥盖板应与地面相平，室外水泥盖板高出地面不小于100mm。

（4）架空敷设

由于建筑施工现场临时用电工程的用电设备会随工程建设的展开而增加，并且在不同的工作阶段，用电设备的位置也将有所变化，为了适应这种变化，就要求临时用电的配电设施具有一定的机动性。电缆的架空敷设由于其调整较为方便而被广泛采用。

1）根据受电设备和前一级配电设备的位置，确定架空电缆的走向和长度。

2）电缆室外架空时应沿墙壁或电杆、支架设置，敷设高度应符合《施工现场临时用电安全技术规范（附条文说明）》JGJ 46的要求，但沿墙壁敷设时的最大弧垂距地不得小于2.0m。在建工程室内水平敷设时，宜沿墙或门口刚性固定，最大弧垂距地不得小于 2.0m。电缆架空线路的挡距不大于 15m。

3）电缆架空敷设时，应用绝缘子固定电缆，绑线采用绝缘导线或其他绝缘材料，严禁使用金属裸线作绑线。电缆应与其支架绝缘。

4）电缆接头应牢固可靠并做绝缘绑扎，保持绝缘强度，不得承受张力。

（5）电缆头的制作

电缆头包括电缆中间接头与电缆终端头，是电缆安全运行的薄弱部位。因此，加强对电缆头制作材料的选用和施工工艺的把关，十分必要。

1）一般规定

① 电缆头的制作应由经过培训且技术熟练的人员担任。

② 电缆头制作时应严格执行工艺规程。

③ 制作电缆头前应做好检查工作且符合下列要求：

A. 相位正确。

B. 所用绝缘材料符合要求。

C. 电缆头的配件齐全并符合要求。

④ 室外制作电缆头时，应在气候良好的条件下进行，并应有防止尘土和外来污染的措施。

⑤ 电缆头的外壳与该处电缆金属护套及铠装层均应良好接地。接地线应采用铜绞线或镀锡铜编织线，其截面不应小于表 9-19 的规定。

电缆终端接地线截面　　　　　表 9-19

电缆截面（mm²）	接地线截面（mm²）
120 及以下	16
150 及以上	25

2）制作工艺要求

① 电缆头从开始剥切到制作完毕必须连续进行，一次完成，

以免受潮。

② 剥切电缆时应细心，不得伤及线芯绝缘。包绕绝缘时应注意清洁，防止污秽与潮气侵入绝缘层。

③ 电缆线芯连接时，应除去线芯和连接管内壁油污及氧化层。压接模具与金具应配合恰当，压缩比应符合要求。压接后应将端子或连接管上的凸痕修理光滑，不得残留毛刺。采用锡焊连接铜芯，应使用中性焊锡膏，不得烧伤绝缘。

④ 装配、组合电缆终端头和中间接头时，各部件间的配合或搭接处必须采取堵漏、防潮和密封措施。塑料电缆宜采用自粘带、胶粘带、胶粘剂等方式密封；塑料护套表面应打毛，粘结表面应用溶剂除去油污，粘结应良好。

3）电缆中间接头的制作

一段电缆与另一段电缆连接起来的部件称为电缆中间接头。目前采用的塑料电缆中间接头主要为橡塑电缆中间接头和热缩型电缆中间接头。

橡塑电缆中间接头适用于直埋地下或需要承受径向压力较小的场所。连接盒为塑料盒，分不可灌胶和可灌胶两种形式。为了防止塑料盒受热变形及破坏绝缘，所灌用的电缆胶应选浇灌温度较低的 1 号沥青绝缘胶。

3. 室内配电线路

（1）室内配电线路的一般要求

1）室内配线必须采用绝缘导线，应采用瓷瓶、瓷夹敷设，距地面高度不得小于 2.5m。

2）室内配线所用导线截面，应根据用电设备的负荷确定，但铝线截面积应不小于 $2.5mm^2$，铜线截面积应小于 $1.5mm^2$。

3）线路中应尽量减少导线接头，以减少故障点。

4）导线与电器端子的连接要紧密压实，以减少接触电阻和防止脱落。

5）照明线路距地高度小于 2.5m 时，应采用 36V 以下安全电压供电。

（2）导线的型号与选择

导线的型号很多，临时用电工程中应根据使用环境和使用条件来选择。在潮湿的场所使用可选择塑料绝缘导线，需经常移动的导线可选用多股软线。

常用导线的型号与选择，详见本章第二节"导线及电缆的选择"相关内容。

（3）室内配电线路的敷设

临时用电工程中常见的室内配电线路的形式有塑料管配线、塑料线槽配线、钢管配线和瓷瓶配线。选用哪种配线方式，应根据配线场所的环境条件、安全要求而定，应尽量做到安全适用、经济可靠。

1）塑料管配线

塑料管配线分明配和暗配两种。临时用电工程由于并不十分强调配线的美观性，因此多采用明配。塑料管不应敷设在高温和易受机械损伤的场所。

① 配管

A. 塑料管的连接一般采用承插法。承插口用加热直接插接或胶水粘结。塑料管冷弯曲时一般可采用弹簧辅助，避免塑料管凹陷、断裂。

B. 采用塑料管配线时应采用塑料接线盒，禁止使用金属盒。

C. 当在地面下敷设管时，应选用硬质塑料管。

D. 配塑料管在穿过楼板等易受机械损伤的地方，应用钢管保护。

② 穿线

A. 管内导线的总截面积不应超过管子截面积的 40%。

B. 相线、零线与 PE 线的颜色应易区分，PE 线应采用黄/绿双色线，零线宜采用浅蓝色导线。任何情况下，不准使用黄/绿双色线作负荷线。

C. 导线在管内不得有接头和扭转，其接头应在接线盒内连接。

D. 管内穿线应采用放线架，以减少导线扭曲。穿线前，应先在管内穿入铅丝，穿线时，应将线芯与铅丝接牢，涂上滑石粉，在一端拉铅丝，并在另一端顺势送入导线，拉线时用力不宜过猛，以免损伤导线。导线两端在接线盒内应各预留 150～200mm 的余量，以备连接。导线进配电箱的预留长度应不小于配电箱宽与高之和。

2）塑料线槽配线

塑料线槽配线适用于要求美观的干燥场所，临时用电工程中的办公区和生活区多采用此种配线。

① 塑料线槽的安装

A. 选用的塑料线槽必须是经过阻燃处理的产品，外壁应有不大于 1m 的连续阻燃标记和制造厂标。

B. 线槽安装应横平竖直，其水平和垂直偏差均不应大于长度的 2/1000，全长最大偏差不应大于 20mm。

C. 线槽在施工结束后应盖好槽盖且槽盖应平整。

② 塑料线槽的配线

A. 包括绝缘层在内的导线总面积不应大于线槽截面积的60%。

B. 在不易拆卸盖板的线槽内，导线的接头应置于线槽的接线盒内。

3）钢管配线

钢管配线适用于线路容易被外力碰撞的线段和地面用电设备的进线保护。

① 配管

钢管的配管分为明配管和暗配管两种，一般采用薄壁电线管，但潮湿和地下敷设时应采用厚壁钢管。

A. 钢管及其接线盒应形成电气通路并接地。

B. 钢管管口应去除毛刺，进盒留 2～3 丝扣。

C. 钢管的弯曲半径应不小于该管直径的 6 倍。

D. 明配钢管应防腐，安装时应横平竖直。

② 穿线

A. 钢管穿线时应在管口套护圈后再穿线。

B. 其余操作及要求同塑料管穿线。

4）瓷瓶（绝缘子）配线

瓷瓶（绝缘子）配线适用于用电量较大和线路较长的干燥或潮湿场所。在施工场地范围较大的室内，为了节约临时用电的投入，可采用本方法。

① 支架安装

A. 支架一般用铁横担制作。

B. 内侧导线距墙距离一般为 100～150mm，导线间距不小于 100mm，距地高度不低于 2.5m。

C. 根据导线的根数及其间距要求和埋入墙内的长度截取角钢，钻好安装孔，经防腐处理后定位安装。

D. 固定绝缘子。

② 架线

A. 敷设导线，应尽量沿房屋线脚、墙角及施工现场中不致妨碍各专业施工的较隐蔽的地方。

B. 导线放开后，先在起点用绑线把导线绑在瓷瓶上，再把导线拉直后用绑扎线把导线分别绑在中间的瓷瓶上。绑扎线必须采用绝缘线。

C. 敷设的导线应平直，无松弛现象。

D. 绝缘子配线的支持件固定点间的距离应符合表 9-20 的要求。

E. 把需要连接和分支的接头接好，并缠包绝缘带。

室内支持件固定点间的距离 表 9-20

允许最大 距离（mm） 配线方式	线芯截面（mm^2）				
	1～4	6～10	16～25	35～70	95～120
瓷柱配线	1500	2000	3000		
瓷瓶配线	2000	2500	3000	6000	6000

第十章 施工现场临时用电配电系统

第一节 临时用电配电系统的基本结构

施工现场临时用电供配电系统应当按三级配电设置。

三级配电是指：施工现场临时用电从电源进线开始至用电设备之间，经过三级配电装置，向负载提供电源。即电源由总配电室的配电柜或总配电箱（一级箱）开始，依次经过分配电箱（二级箱）、开关箱（三级箱）到用电设备。这种经过三级电箱的电力配电系统称为三级配电系统，如图 10-1 所示。

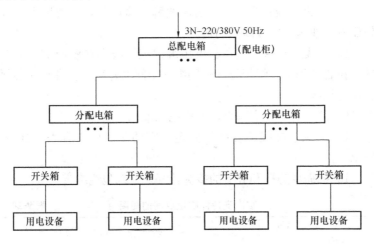

图 10-1 三级配电系统结构示意图

为保证三级配电系统能够安全、可靠、有效地运行，在实际设置系统时，必须按照以下规则执行：

1. 分级分路规则

（1）一级总配电箱向二级配电箱供电可以分路，即一个总配电箱可以分若干分路向若干个分配电箱同时供电，每一分路也可分支接若干分配电箱。

（2）二级分配电箱向三级开关箱供电同样也可以分路，即一个分配电箱可以分若干分路向若干个开关箱同时供电，每一分路也可分支接若干开关箱。

（3）三级开关箱向用电设备供电应严格执行"一机一箱一闸一保护"原则，不得分路但可分支。开关箱只能连接一台用电设备（含插座）或一组不超过30A负荷的照明电器，即每一台用电设备必须有独立的专用开关箱。

2. 动力线路和照明线路分设规则

（1）动力配电箱与照明配电箱宜分别设置，若动力线路和照明线路合置于同一配电箱内共箱配电，则动力和照明应分路配电，这里所说的配电箱指总配电箱和分配电箱。

（2）动力开关箱和照明开关箱必须分箱设置，不得共箱分路设置。

3. 配电间距规则

总配电箱与分配电箱和开关箱之间的距离应尽量缩短，同时应符合以下规定：

（1）总配电箱与分配电箱之间距离应满足电压损失不大于5%的要求。

（2）分配电箱应设置在用电设备或负荷相对集中的场所，与开关箱的距离不得超过30m。

（3）开关箱与其供电的固定式用电设备的水平距离不宜超过3m。

第二节　总配电室（柜）设置

1. 选择确定配电室（柜）位置

配电室位置应结合施工现场实际状况按以下原则确定：

（1）靠近电源，交通运输方便。

（2）接近负荷中心，便于线路的引出和引入。

（3）区域内不受洪水冲浸，地面排水坡度不小于 5‰。

（4）设在污染源的全年最小频率风向的下风侧，并避开易燃易爆地段和有剧烈振动的场所。

2. 配电室（柜）的布置

（1）配电室一般采用低压成套配电柜，除采用单面操作的开关柜超过 3 台时可靠墙面安装外，均应采用离墙安装。配电柜一般设在靠近变压器的方向以使母线距离最短。配电柜下设低压电缆沟，沟深一般为 0.8～1.0m，沟盖板一般用花纹钢板及角钢制成，以便开启和防火。

（2）配电柜正面的操作通道宽度：单列或双列背对背布置时应不小于 1.5m，双列面对面布置时应不小于 2m，柜后维护通道的宽度：单列或双列面对面布置时应不宜小于 0.8m，双列背对背布置时应不小于 1.5m。配电柜侧面的维护通道宽度应不小于 1m；配电室顶棚与地面的距离应不低于 3m；配电室内设置值班室时，该室的边缘距配电柜的水平距离应大于 1m，并采取屏障隔离；配电室内的裸母线与地面的垂直距离小于 2.5m 时，要采取遮栏隔离，遮栏下面通道的高度应不小于 1.9m；配电室围栏上端与其正上方带电部分的净距应不小于 0.075m；配电装置上端距顶棚应不小于 0.5m。

（3）配电室的建筑耐火等级应不低于三级，同时室内应配置砂箱和可用于扑灭电气火灾的灭火器；配电室应能自然通风和采光，并应采取防止雨雪侵入和动物进入的措施；配电室的门应向外开并配锁，方便工作人员出入和防止闲杂人员随意出入；配电室屋面应有保温隔层和防水、排水措施。

（4）配电室应设置两个独立的照明系统，一个是正常照明系统，另一个是事故照明系统。

（5）配电室内的母线应涂刷有色油漆，以标识相序，以柜正面方向为基准，其涂色应符合表 10-1 所示规定。

相别	颜色	垂直排列	水平排列	引下排列
L_1 (A)	黄	上	后	左
L_2 (B)	绿	中	中	中
L_3 (C)	红	下	前	右
N	淡蓝	—	—	—

母线涂色规定　　表 10-1

（6）配电柜应装设电度表、电压表、电流表，电流表与电度表不得共用一组电流互感器，装设电源隔离开关及短路、过载保护，电源隔离开关分断时，应有明显可见的分断点。

（7）配电柜必须安装剩余电流保护器，剩余电流保护器的额定动作电流应大于 30mA，额定漏电动作时间应大于 0.1s，但其额定漏电动作电流与额定漏电动作时间的乘积不应大于 30mA·s。

（8）配电柜应编号，并应有用途标记；配电柜或配电线路停电维修时，应挂接地线，并悬挂"禁止合闸、有人工作"的停电标志牌，停送电必须有专人负责；配电室应保持整洁，不得堆放任何妨碍操作、维修的杂物。

第三节　自　备　电　源

施工现场临时用电工程一般是由外电线路供电。但是，因外电线路电力供应不足或其他原因停止供电时，会使施工受到影响。为了保证施工不因停电而中断，现场须设置备用发配电系统。目前，施工现场一般采用柴油发电机组作为自备电源。

1. 柴油发电机组的选择

柴油发电机组的额定电压等级应与外电线路供电时的现场电压等级一致，其容量可根据施工现场临时用电实际需要来选择，须满足接续供电计算负荷的需要。对于单纯由柴油发电机组供电的施工现场，其容量应按全现场计算负荷确定。

2. 柴油发电机室的位置和布置要求

柴油发电机组作为一个接续供电电源，其位置选择应与配电室的位置选择遵循基本相同的原则，内容如下：

（1）应该设置在靠近负荷中心的地方，并与变电所、配电室的位置相邻。

（2）设置应安全、合理，便于与已设临时用电工程联系。

（3）柴油发电机组一般设置在室内，以免风、沙、雨、雪以及强烈阳光对其造成侵害。

（4）柴油发电机组及其控制、配电、修理室等可以分开设置，也可以合并设置。无论如何设置，都要保证电气安全距离，并满足防火要求。应特别值得注意的是，发电机组的排烟管道必须伸出室外，必须配置可用于扑灭电气火灾的灭火器。

（5）在其相关的室内或周围地区严禁存放贮油桶等易燃、易爆物品，作为发电机的原动机运行需要临时放置的油桶除外，但是应有消防措施。

3. 柴油发电机组配电系统

（1）柴油发电机组配电系统应采用具有专用保护零线的中性点直接接地 TN－S 接零保护系统。

（2）柴油发电机组必须与外电线路电源之间实行严格的电气互锁，严禁并列运行，以保证电气线路、电气设备和电网的安全运行。

（3）柴油发电机组的控制屏应装设下列仪表：交流电压表、交流电流表、有功功率表、电度表、功率因数表、频率表、直流电流表。以上安装的仪表应有效、可靠、指示正确。

第四节　配电箱及开关箱

1. 配电箱体的结构

（1）箱体材料

箱体应采用冷轧钢板制作，也可采用优质的绝缘板制作，但不得用木板制作。

采用冷轧钢板时，冷轧钢板厚度应为 1.2～2.0mm，开关箱体钢板厚度不得小于 1.2mm，配电箱体钢板厚度不得小于1.5mm，箱体表面应做防腐处理。

优质绝缘板是指具有阻燃性的绝缘板，如环氧树脂纤维木板、电木板等，其厚度应能保证适应于户外使用，具有足够的机械强度。

（2）配置电器安装板

配电箱、开关箱配置的电器安装板用以安装所配置的电器和接线端子，应符合上述箱体材料的要求。不允许不使用电器安装板而将配置的电器和接线端子直接装设在箱体上。

电器安装板在装设时，应于箱体正常安装的后侧面留有一定的间隔空间，方便布置电源的进线和出线。

（3）分设 N、PE 接线端子板

配电箱和开关箱的进、出线中的 N 线必须通过 N 端子板连接，PE 线必须通过连 PE 端子板连接，以防止 N 线和 PE 线混接、混用。在分设 N 线和 PE 接线端子板时，必须注意：

1）N、PE 端子板必须分别设置，固定安装在电器安装板上，并做符号标志，严禁合设和混设。N 端子板与铁质电器安装板之间必须保证有良好的电气绝缘性能，PE 端子板与铁质电器安装板之间必须保证良好的电气连接性能。当采用绝缘安装板时，PE 端子板必须与铁质箱体做良好的电气连接。

2）N、PE 端子板接线端子数应与进线和出线路数保持一致。

3）N、PE 端子板应采用紫铜材料制作。

（4）配电箱、开关箱的进出线口应设置在箱底部（正面垂直安装位置），不得设置在上面、侧面、后面和箱门处，以防止户外风、沙、雨、雪侵入箱内。进出线口设置时应注意：

1）进出线口应光滑，以圆口为宜。

2）进出线口应配置固定线卡。

3）进出线口数应与进出线总路数一致。

（5）按箱内电器的配置和安装规程确定箱体尺寸

电器的配置是指电器的数量、种类和外形尺寸；安装规程是指基于电器的安装、接线、操作、维修安全和方便及保证电气安全距离的安装尺寸规定。配电箱、开关箱内的电器安装尺寸选择值参见表 10-2。

配电箱、开关箱内电器安装尺寸选择值　　　　表 10-2

间距名称	最小净距(m)
并列电器(含单极熔断器)间	30
电器进、出线瓷管(塑胶管)孔与电器边沿间	15A，30 20~30A，50 60A 及以上，80
上、下排电器进出线瓷管(塑胶管)孔间	25
电器进、出线瓷管(塑胶管)孔至板边	40
电器至板边	40

2. 配电箱和开关箱的电器配置

配电箱、开关箱内的电器必须可靠、完好，严禁使用破损和不合格的电器。

（1）总配电柜（箱）的电器配置：总配电柜（箱）的电器应具备电源隔离，正常接通与分断电路以及短路、过载和剩余电流保护功能。电器设置应符合下列原则：

1）当总路设置总剩余电流保护器时，还应装设总隔离开关、分路隔离开关以及总断路器、分路断路器或总熔断器、分路熔断器。当所设总剩余电流保护器是同时具备短路、过载、剩余电流保护功能的漏电断路器时，可以不设总断路器或总熔断器。

2）当各分路设置分路剩余电流保护器时，还应装设总隔离开关、分路隔离开关以及总断路器、分路断路器或总熔断器、分路熔断器。当分路所设总剩余电流保护器是同时具备短路、过载、剩余电流保护功能的漏电断路器时，可以不设分路断路器或总熔断器。

3）隔离开关应设置于电源进线端，应采用分断时具有可见分断点、并能同时断开电源所有极的隔离电器。如采用分断时具有可见分断点的断路器，可不另设隔离开关。

4）熔断器应选用具有可靠灭弧分断功能的产品。

5）总开关电器的额定值、动作整定值应与分路开关电器的额定值、动作整定值相适应。

6）总配电柜（箱）必须安装剩余电流保护器。剩余电流保护器应安装在电源隔离开关的负载侧，其额定漏电动作电流和额定漏电动作时间必须符合有关规定。

（2）分配电箱的电器配置：在采用二级剩余电流保护的配电系统中，分配电箱不要求设置剩余电流保护器，但分配电箱的电器配置应符合以下要求：

1）总路应设总隔离开关以及总断路器或总熔断器。

2）分路应设分路隔离开关以及分路断路器或分路熔断器。

3）以上隔离开关均应设置于电源进线端。其配置顺序依次为隔离开关、短路与过载保护电器，不可颠倒。

（3）开关箱的电器配置：开关箱必须装设隔离开关、断路器或熔断器和剩余电流保护器。

1）开关箱内的各种开关电器的整定值和动作电流整定值应与其控制用电设备的额定值和特性相适应。通用电动机开关箱中的电器规格可按表10-3中规定选配。

2）每台用电设备必须有各自专用的开关箱，严禁用同一开关箱直接控制2台及2台以上的用电设备（含插座）。

3）开关箱中的隔离开关只可直接控制照明电路和容量不大于3.0kW的动力电路，但不应频繁操作。容量大于3.0kW的动力电路应采用断路器控制，操作频繁时还应附设接触器或其他控制装置。

4）动力开关箱和照明开关箱必须分设。

5）开关箱必须安装剩余电流保护器，剩余电流保护器的额定动作电流不应大于30mA，额定漏电动作时间不应大于0.1s。

电动机负荷线和电器选配

表 10-3

型号	功率(kW)	额定电流(A)	启动电流(A)	熔断器 RL1	熔断器 RM10	熔断器 RT10	熔断器 RC1A	启动器 QC20	启动器 MSJB/MSBB	启动器 B	接触器 CJX	接触器 LC1-D	漏电保护器 DZ15L	漏电保护器 DZ20JL	通用橡套软电缆主芯线截面(mm²) 环境35℃	铜芯绝缘线芯线截面(mm²) 环境30℃
1	2	3	4	5	6	7	8	9	10	11	12	13	14	15	16	17
Y																
801-4	0.55	1.6	10	15/4	15/6		10/4									1.5
801-2	0.75	1.8	13	15/5	15/6	20/6	10/6									
802-4		2.0	14													
90S-6		2.3	14													
802-2	1.1	2.5	18	15/6		20/10	10/6									
90S-4		2.7	18													
90L-6		3.2	19										6			
90S-2	1.5	3.4	24	15/10	15/10	20/15	10/10									
90L-4		3.7	24													
100L-6		4.0	24													
90L-2	2.2	4.8	33	15/15	15/15	20/20	10/10	16	8.5	8.5	9	9		16	2.5	
100L1-4		5.0	35	60/20												
112M-6		5.6	34	15/15	15/15	20/20	15/15									
132S-8		5.8	32	15/15												
100L2-4	3.0	6.4	45	60/20	60/20	20/20	15/15									
100L2-4		6.8	48										10			
132S-6		7.2	47													
132M-8		7.7	43													
112M-2	4.0	8.2	57	60/30	60/25	30/25	30/20						16			
112M-4		8.8	62													
132M1-6		9.4	61													
160M1-8		9.9	59													

型号 Y	电动机 功率(kW)	额定电流(A)	启动电流(A)	熔断器 RL1	RM10	RT10	RC1A	启动器 QC20 额定电流(A)	MSJB MSBB 额定电流(A)	B 额定电流(A)	接触器 CJX 额定电流(A)	LC1-D	漏电保护器 DZ15L 脱扣器额定电流(A)	DZ20L	负荷 通用橡套软电缆主芯线截面(mm²) 环境35℃	铜芯绝缘线芯截面(mm²) 环境30℃
132S1-2	5.5	11	78	60/35	60/35	30/30	30/25	16	11.5	11.5 (BJ2)	12	12	16	16	2.5	1.5
132S-4		12	81													
132M2-6		13	82													
160M2-8		13	80													
132S2-2	7.5	15	105	60/50	60/45	60/40	60/40	16	15.5	15 (BJ6)	12	12	20	20	2.5	1.5
132M-4		15	108													
160M-6		17	111													
100L-8		18	97	60/40												
160M1-2	11	22	153	100/80	60/45	60/50	60/50	32	22	22 (BJ25)	16	16	25	32	4.0	2.5
160M-4		23	158													
160L-6		25	160													
180L-8		25	151													
160L2-2	15	29	206	100/80	100/80	60/60	60/60	32	30	30 (BJ30)	22 (CJ×1) 25 (CJ×2)	32	32	32	6.0	2.5
180L-4		30	212													
180L-6		32	205													
200L-8		34	205													
160L-2	18.5	36	249	100/100	100/80	100/80	100/80	63	37	37 (BJ7)	32 (CJ×1)	40	40	40	10.0	4.0
180M-4		36	251													
200L1-6		38	245													
225S-8		41	248													
180M-2	22	42	295	100/100	100/80	100/80	100/100	63	45	45 (BJ5)		50	50	50	10.0	6.0
180L-4		43	298													
200L2-6		45	290													
225M-8		48	286													
220L1-2	30	57	398	200/125	200/125	200/100	200/120		65	65 (BJ65)		63	63	63	16.0	10.0
200L-4		57	398													
225M-6		60	387													
250M-8		63	378													

续表

电动机				熔断器 熔断器规格(A)				启动器 额定电流(A)		接触器 额定电流(A)			漏电保护器 脱扣器额定电流(A)		负荷线	
型号 Y	功率(kW)	额定电流(A)	启动电流(A)	RL1	RM10	RT10	RC1A	QC20	MSIB MSBB	B	CJX	LC1-D	DZ15L	DZ20L	通用橡套软电缆主芯线截面(mm²) 环境35℃	铁芯绝缘线铜线截面(mm²) 环境30℃
1	2	3	4	5	6	7	8	9	10	11	12	13	14	15	16	17
2202L-2	37	70	489	200/150	200/160		200/150	80	85	85 (B85)		80	80	80	16	10
225S-4		70	489													
250M-6		72	468													
280S-8		79	472													
225M-2	45	84	587	200/200	200/200		200/200							100		16
225M-4		84	589													
280S-6		85	555							105 (B105)		95	100		25	
280M-8		93	559													
315M-10		98	637													
250M-2	55	103	719		350/225				105					125	35	25
250M-4		103	718													
280M-6		105	682								115 (CJ×4)					
315S-8		109	709													
315M2-10		120	780													
280S-2	75	140	981		350/260				170	170 (B170)				160	50	35
280S-4		140	978													
315S-6		142	923								185 (CJ×2)					
315M1-8		148	962													
315M3-10		160	1040											180	70	

注: 1. 熔体的额定电流是按电动机轻载启动计算的;

2. 接触器的(额)定发热电流均大于其额定(工作)电流,因而表中所选接触器均有一定承受过载能力;

3. MSIB、MSBB系列磁力启动器采用B系列接触器和T系列热继电器,表中所列磁力启动器额定(工作)电流,均小于其配套接触器额定(额)定发热电流,因而表中所选接触器均有一定承受过载能力。类比地,QC20系列磁力启动器也有一定承受过载能力;

4. 漏电保护器的脱扣器额定电流系指其长期允许动作电流整定值;

5. 负荷线选配按空气中明敷设条件考虑,其中电缆为三芯及以上电缆。

使用于潮湿或有腐蚀介质场所的剩余电流保护器应采用防溅型产品，其额定动作电流不应大于 15mA，额定漏电动作时间不应大于 0.1s。

3. 配电箱和开关箱的安装

1）配电箱、开关箱应装设在干燥、通风和常温场所，不得装设在存在瓦斯、烟气、潮气及其他有害介质的地方，也不得装设在易受外来固定物撞击、强烈振动、液体侵溅及热源烧烤的场所，否则应予清除影响或做防护处理。

2）配电箱、开关箱应装设端正、牢固。固定式配电箱、开关箱的中心点与地面的垂直距离宜为 1.4～1.6m。移动式配电箱、开关箱应装设在稳定的支架上，其中心点与地面的垂直距离宜为 0.8～1.6m。

3）配电箱、开关箱周围，应有足够 2 人同时工作的空间和通道，不得堆放任何妨碍操作、维修的物品和建筑材料，不得有灌木、杂草。

4. 配电箱和开关箱的使用与维护

1）配电箱、开关箱应有名称、用途、分路标记和系统接线图。

2）配电箱、开关箱箱门应配锁，并由专人负责。

3）配电箱、开关箱应定期检查、维修。检修人员必须是专业电工，检查、维修时必须按规定穿戴绝缘鞋、手套，必须使用电工绝缘工具，并做检查、维修工作记录。

4）对配电箱、开关箱进行维修时，必须将其前一级相应的电源隔离开关分闸断电，并悬挂"禁止合闸、有人工作"的停电标志牌，严禁带电作业。

5）配电箱、开关箱必须按下列顺序操作：

送电操作顺序为：总配电箱→分配电箱→开关箱。

停电操作顺序为：开关箱→分配电箱→总配电箱。

但出现电气故障的紧急情况可除外。

第五节 电气照明装置的安装

施工现场电气照明，主要是指在地下工程、夜间施工场地和一些自然采光差的场所（如临时设施、办公室、宿舍、材料堆放场、通道和道路等）的一般照明、局部照明或混合照明。

选用合理的电气照明是保证安全生产、节约用电、提高劳动生产率和保护工作人员视力健康的必要条件。

1. 电光源和照明器

（1）电光源的选择

建筑施工现场应选用发光效率高、使用寿命长的电光源，现大量使用的为热辐射光源和气体放电光源。

在一般场合可以选用白炽灯和碘钨灯，碘钨灯灯具应优先选配瓷头灯管。

夜间施工时，大面积施工操作面的照明则应选用高功率的气体放电光源，如镝灯、氙灯、钠铊铟灯等。

室内照明（如办公室、宿舍、仓库等）可选用日光灯和白炽灯。

（2）照明器

照明器是电光源与灯具的组合。

照明器的选择应根据其所处环境来确定：

1）在相对湿度≤75%时，应选用开启式照明器。

2）在潮湿或特别潮湿的场所，应选用密闭型防水防尘照明器或配有防水灯头的开启式照明器。

3）在含有大量尘埃但无爆炸和火灾危险的场所，应采用防尘型照明器。

4）对有爆炸和火灾危险的场所，必须按危险场所等级来选用相应的照明器。

5）在振动较大的场所，应选用防振型照明器。

6）对有酸碱等强腐蚀的场所，应采用耐酸碱照明器。

2. 照明器的合理选用

照明器由灯具、灯头、照明线路、开关等组成。

建筑施工现场除了根据周围环境选择适当的照明器以外，从安全用电角度来看，正确地使用照明器也相当重要。为此，应做到以下几方面：

（1）照明器的电源电压应由其使用的场所而定。

（2）在一般场合宜选用 220V 的相电压。对于大功率照明器的供电电压，应与其说明书要求电压相符。

（3）对下列特殊场所所使用的照明器应使用安全电压：

1）隧道、人防工程、高温、有导电灰尘或灯具离地面高度低于 2.5m 等场所的照明，电源电压应不大于 36V。

2）在潮湿和易触及带电体场所的照明电源电压不得大于 24V。

3）在特别潮湿的场所、导电良好的地面、锅炉或金属容器内工作的照明电源电压不得大于 12V。

4）移动式照明器（如行灯）的照明电源电压不得大于 36V。

照明变压器必须使用双绕组型安全隔离变压器，严禁使用自耦变压器。

3. 照明器的固定安装

（1）一般要求

1）照明线路应与动力线路分路设置，条件允许时，可分别设置动力配电箱和照明配电箱，避免由于动力线路的故障而导致照明线路失电。

2）一般场所宜选用额定电压为 220V 的照明电器。当灯具离地面低于 2.5m 或处于高温、高湿等危险环境时，照明电源的电压应采用 36V 及以下的安全电压。

3）照明器具应是符合有关标准的合格产品，严禁使用绝缘老化或破损的照明器具。

4）每个单相照明回路连接的灯器具不应超过 25 个。回路中应设剩余电流保护和过电流保护。漏电电流不大于 30mA，熔断电流不大于 15A。

5）各种照明器的连接导线，在连接点必须牢固，导电线芯不得外露。

6）灯脚和灯座之间的接触应良好，与照明器连接的导线应与灯具外壳保持一定距离。

7）配有触发器的照明器，触发器应尽量靠近灯管，其高频输出线长度不宜大于 3m，并不得与任何金属和绝缘差的导电体相接触，应保持 40mm 以上的距离。

8）临时设施中的照明灯具，一般采用拉线开关。拉线开关距地面高度宜为 2～3m，与出、入口的水平距离宜为 0.15～0.2m。开关必须装设在相线上。拨动开关和插座应分开装设。在床上严禁装设插座、开关。

9）对夜间影响飞机飞行或车辆通行的在建工程及机械设备，必须设置醒目的红色信号灯，其电源应设在施工现场总电源的前侧，并应设置外电线路停止供电时的应急自备电源。

（2）照明装置

1）行灯

使用行灯应符合以下要求：

① 电源电压不超过 36V。

② 灯体与手柄应坚固、绝缘良好并耐热耐潮湿。

③ 灯头与灯体应结合牢固，灯头无开关。

④ 灯泡外部应有金属保护网。

⑤ 金属网、反光罩、悬吊挂钩均应固定在灯具的绝缘部位上。

⑥ 在特别潮湿的场所或导电良好的地面上，若工作地点狭窄，行动不便（如在锅炉内、金属容器内），行灯的电压不得超过 12V。

⑦ 行灯灯具不得作为一般灯具使用。

⑧ 行灯必须使用橡套软电缆，不得破损，不得有接头。

2）投光灯

目前，临时用电工程中多采用钠、镝等金属卤化物灯作为投光灯。投光灯安装应符合以下要求：

① 金属卤化物灯具的安装高度宜在 3m 以上，灯线应在接线柱上固定，不得靠近灯具表面。

② 投光灯的底座应安装牢固，按需要的光轴方向将枢轴拧紧固定。

③ 投光灯的金属外壳必须做保护接零或保护接地。

3）白炽灯

白炽灯所用灯头分插口灯头和螺口灯头两种。插口灯头的带电部分封闭在内部，比较安全，但插口灯头承受重量较小；螺口灯头的螺旋部分容易暴露在外，这就要求螺口灯头的螺旋部分与工作零线直接相连。因螺口灯头内的弹簧舌片必须经过开关后接于相线，为了安全起见，在螺口灯头上宜另加保护环，或采用其他措施使灯头的带电部分不外露。为了防止火灾，白炽灯应远离易燃物，150W 以上的灯泡应采用瓷灯头。在灯头上不宜带有开关和插座，以免发生触电事故。

4）其他灯具

① 灯具的相线必须经开关控制，上下楼梯口宜安装双控开关。

② 路灯的每个灯具应单独装设熔断器保护，灯头线应做防水弯。

③ 荧光灯管应用管座固定或用吊链固定。

④ 卤钨灯（碘钨灯）应装设支架固定，其金属外壳应做保护接零或保护接地。其灯管应目测水平，倾斜度不大于 4°，否则将影响碘钨循环大大缩短使用寿命。同时，在使用中应避免振动，其工作电压不应超过额定工作电压的 5%，不然也将缩短其工作寿命。

⑤ 灯具不得安装在变电所（站）的高低压母线的上方，事故照明灯具应有特殊或明显的标志。

5）插座

① 设在潮湿和有粉尘的场所，应采用防潮防尘型电器。

② 插座的接线应符合下列要求：

A. 单相两孔插座：面对插座右孔或上孔与相线相接，左孔或下孔与零线相接，供单相荷载电源连接之用。

B. 单相三孔插座：面对插座的右孔与相线相接，左孔与工作零线相接，上孔与保护零线相接，供单相荷载电源连接之用。

C. 三相四孔插座：面对插座的上孔与保护零线相接，其余三孔自左至右分别与 A、B、C 三相线相连，供三相荷载电源连接之用。

第六节　施工机械的用电

建筑施工现场的施工机械主要有起重机械、桩工机械、夯土机械、焊接机械、手持电动工具等。

1. 施工机械用电的一般规定

（1）建筑施工机械必须是符合国家现行有关强制性标准规定的合格产品。

（2）所有建筑施工机械必须有专用的开关箱，该开关箱不得控制其他的用电设备。

（3）开关箱内必须安装剩余电流保护器，剩余电流保护器的额定漏电动作电流和额定漏电动作时间必须根据该建筑施工机械的工作环境正确选择。

（4）建筑施工机械的动力线路和照明线路必须分设，不得混设，并应有各自的专用开关箱。

（5）建筑施工机械必须和施工现场的供电系统保持一致，不得一部分设备做保护接零，另一部分设备做保护接地。

（6）建筑施工机械必须做重复接地，接地体和重复接地电阻值必须符合有关规定。手持电动工具必须做保护接零或保护接地。

（7）对于长期未使用的建筑施工机械，在使用前必须进行绝缘电阻的性能测试。

（8）移动式用电机械在施工现场第一次使用前必须进行绝缘电阻的性能测试。

（9）手持式电动工具除了必须在第一次使用前进行绝缘电阻的性能测试外，还应定期测试绝缘电阻的性能。其测试的绝缘电阻值必须符合相关规定，否则应停止使用。

2. 起重机械

起重机械主要有塔式起重机、施工升降机、物料提升机等。

（1）塔式起重机

1）塔式起重机必须做防雷接地，同时必须与配电系统 PE 线做良好的电气连接。除此之外，PE 线与接地体必须有一个直接独立的连接点。

2）轨道式塔式起重机的防雷接地可借助于机轮和轨道的连接，但应符合下列条件：

① 轨道两端各设一组接地装置。

② 轨道的接头处做电气连接，两条轨道端部做环形电气连接。

③ 较长轨道每隔不大于 30m 加装一组接地装置。

3）轨道式塔式起重机要配置自动卷线器收放配线电缆，不得使电缆随机拖地行走。

4）塔式起重机运行时，应注意与外电架空线路或其他建筑物及防护设施保持安全距离。

5）塔式起重机为适应夜间工作应设置正对工作面的投光灯。

6）当塔身高度超过 30m 时，应在塔机顶端和臂架两端设置红色信号灯，以防与空中飞行器相撞。红色信号灯的电源应从总配电箱的电源侧引出，确保总配电箱断电时，红色信号灯不熄灭。

7）塔式起重机在强电磁波源附近运行时，为防止强电磁辐射机身，感应电压对地面操作人员构成潜在触电危险，应在吊钩与被吊物之间采取绝缘隔离措施，地面操作人员应戴绝缘手套，穿绝缘鞋，也可在挂装吊物时，在吊钩上挂接临时接地装置。

（2）施工升降机

1）施工升降机上、下行极限位置必须装设限位装置，该限位装置必须灵敏、可靠。

2）施工升降机必须设置开门、关门的电气联锁装置，以确保梯门关闭后施工升降机方可运行，当梯门没按规定关闭严密时，施工升降机不能运行。

3）每日工作前必须对行程开关、限位开关、紧急停止开关、驱动机构和制动器等进行空载检查，正常后方可使用。检查时必须有防坠落措施。

4）施工升降机坠落限制器是施工升降机的安全保险装置，使用中不可随意解除，并应按相关规定，送有关检测部门进行定期检测，未经检测或检测有效期过期的施工升降机严禁使用。

（3）物料提升机

1）物料提升机上、下行极限位置必须装设限位装置，该限位装置必须灵敏、可靠。

2）物料提升机的上、下运行应由按钮和交流接触器控制，并应实行电气互锁，不得采用手动操作倒顺开关控制。

3）每日工作前必须对行程开关、限位开关、紧急停止开关、驱动机构和制动器等进行空载检查，正常后方可使用。

3. 桩工机械

（1）潜水式钻孔机电机的密封性能应符合国家现行标准《外壳防护等级（IP 代码）》GB/T 4208 中的 IP68 级规定：IP68 级为最高级防止固体异物进入（尘密级）和防止连续浸水时进水造成有害影响的防护，以适应钻孔机浸水的工作条件，使电机不因浸水而漏电。

（2）潜水电机必须采用防水橡皮护套铜芯电缆，长度应不小于 1.5m，电缆线不得有任何破损、裂纹和接头。

（3）潜水电机应在水中垂直使用，不得脱水运行，严禁带电搬移。

（4）潜水电机入水、出水、移动时，不得拽拉负荷电缆线，任何情况下负荷电缆线不得承受外力。

4. 夯土机械

（1）夯土机械的负荷线应采用耐候型橡皮护套铜芯软电缆。

（2）使用夯土机械人员必须按规定穿戴绝缘用品。

（3）使用过程中应有专人调整电缆，电缆长度应不大于50m，使用过程中严禁电缆缠绕、扭结和被夯土机械跨越。

（4）多台夯土机械并列工作时，其间距不得小于5m，前后工作时，其间距不得小于10m。

（5）夯土机械的操作扶手必须绝缘。

5. 焊接机械

（1）焊接机械应放置在防雨、干燥和通风良好的场所，焊接现场不得有易燃、易爆物品。

（2）交流弧焊机变压器的一次侧电源线长度不应大于5m，其电源进线必须设置防护罩。

（3）发电机式直流焊机的换向器要经常检查、清理、维修，以防止产生异常换向火花。

（4）交流电焊机除装设一次侧剩余电流保护器外，还应安装二次侧剩余电流保护器。

（5）电焊机械的二次线应采用防水橡皮护套铜芯软电缆，电缆长度不应大于30m，电缆护套不得破裂，接头必须绝缘、防水并包扎防护，不应有裸露的带电部分。

（6）电焊机械的二次线的地线不得用金属构件或结构钢筋代替。

（7）使用电焊机械作业时，必须穿戴防护用品，严禁露天、冒雨进行焊接作业。在危险或高度危险场合操作时，应在工作平台附近地面上铺设绝缘橡胶垫，同时避免潮湿衣服与周围焊件等物品相碰。

6. 手持电动工具

（1）工作场所

对建筑电动机械，从触电危险程度来考虑，可将其工作场所分为：

1）一般场所

相对湿度小于或等于 75％的干燥场所；无导电粉尘的场所；有不导电地板（干燥木地板、塑料地板、沥青地板等）的场所等。

2）危险场所

相对湿度长期处于 75％以上的潮湿场所；露天并且能遭受雨、雪侵袭的场所；有导电粉尘的场所；气温高于 30℃的炎热场所；金属占有系数大于 20％的场所；有导电的泥、砖、钢筋混凝土或金属结构地板的场所；施工中常处于水湿润的场所。

3）高度危险场所

相对湿度接近 100％的蒸气潮湿场所；有活性化学媒质放出腐蚀性气体或液体的场所；具有两个以上危险场所特征（如导电地板和高温，或导电地板和有导电粉尘）的场所。

（2）手持电动工具分类

手持电动工具按触电保护可分为三类：

1）Ⅰ类工具

Ⅰ类工具在防止触电的保护方面不仅有基本绝缘，而且还包含一个附加安全预防措施。其措施是将可触及的、可导电的零件与已安装在固定线路中的保护接地或接零导线连接起来，防止发生触电事故。

2）Ⅱ类工具

Ⅱ类工具在防止触电的保护方面不仅依靠基本绝缘，而且还提供双重绝缘或加强绝缘的附加安全预防措施，同时还设有保护接地或依赖设备条件的安全措施。铭牌上有"回"字明显标志。

3）Ⅲ类工具

Ⅲ类工具在防止触电的保护是依靠安全电压供电和确保在工具内部不会产生比安全电压高的电压。

（3）手持电动工具的正确选购

必须选购经认证合格并带有认证标志，同时具有生产厂家的产品说明书和合格证的手持电动工具。

由于建筑施工现场大多处于危险场所或高度危险场所，所以应优先选用符合使用要求的Ⅱ类或Ⅲ类手持电动工具，禁止使用Ⅰ类手持电动工具。

（4）手持电动工具的正确使用

手持电动工具在使用前必须检查和试运转，确认工具外观完好无损、运转正常后方能投入使用。操作者应对所使用手持电动工具的性能了解，并能正确、合理使用。手持电动工具的橡套软电缆不得承受任何外力。手持电动工具的出厂所带插头和电缆不得随意更换或加长，且电缆中间不得有接头。

手持电动工具应按使用场所分类选用：

1）在一般场所使用时，为保证使用的安全，应优先选用Ⅱ类手持电动工具，并应装设额定漏电动作电流不大于10mA、额定漏电动作时间小于0.1s的剩余电流保护器。如采用Ⅰ类手持电动工具，则必须做保护接零或保护接地。

2）在露天、潮湿、高温场所或在金属构架上使用时，必须选用Ⅱ类手持电动工具，并应装设防溅型剩余电流保护器，其额定漏电动作电流不大于10mA，额定漏电动作时间小于0.1s。Ⅱ类手持电动工具不必做保护接零或保护接地。严禁使用Ⅰ类手持电动工具。

3）在特别潮湿、狭窄场所（如锅炉、金属容器、地沟和管道内），宜选用带隔离变压器的Ⅲ类手持电动工具；如选用Ⅱ类手持电动工具，则必须装设漏电动作电流小于10mA、额定漏电动作时间小于0.1s的防溅型剩余电流保护器。同时应将隔离变压器或剩余电流保护器装设在特别潮湿或狭窄场所以外，在工作时应派专人监护。

4）在特殊的场所中使用时，如湿热、雨雪、有爆炸性或腐蚀性气体等场所，所使用的手持电动工具还必须符合相应防护等级的安全技术要求。

在露天操作时，如遇下雨应停止工作，否则必须采取有效的防水措施。

（5）手持电动工具的保养、检查与维修

施工现场手持电动工具必须由专人保管，并对以下项目进行日常检查：

1）外壳、手柄有否裂缝和破损。

2）保护接零（地）线连接是否正确、牢固可靠。

3）软电缆是否完好无损。

4）插头是否完整无损。

5）开关动作是否正常、灵活，有无缺陷、破裂。

6）电气保护装置是否良好。

7）机械防护装置是否完好。

8）工具的转动部分是否转动灵活、无障碍。

对经常使用的手持电动工具，每季度应对其绝缘电阻至少应进行一次测试；对于长期不用的手持电动工具，在使用前必须测试其绝缘电阻。手持电动工具的绝缘电阻必须达到下列指标方能使用（绝缘电阻的测试仪表应选用 500V 的兆欧表）：

① I 类手持电动工具带电零件与外壳绝缘电阻不得小于 $2M\Omega$。

② II 类手持电动工具带电零件与外壳绝缘电阻不得小于 $7M\Omega$。

③ III 类手持电动工具带电零件与外壳绝缘电阻不得小于 $1M\Omega$。

I 类手持电动工具必须采用三芯（单相）或四芯（三相）铜芯橡套软电缆，其中黄-绿双色线在任何情况下只能用作保护接地或保护接零线。

手持电动工具如有损坏，必须由专职人员修理。电气绝缘部分经修理后，必须进行绝缘电阻测量和绝缘耐电压试验，经测定合格和试运转正常后才能使用。

7. 其他建筑施工机械

建筑施工现场有各种中小型建筑施工机械，大体可分为固定使用机械和移动使用机械两类。在安全用电方面，除必须设有合格的剩余电流保护装置和采用保护接零（地）的安全技术措施外，仍须注意以下几点：

（1）中小型建筑施工机械，出厂时配有随机开关箱或开关。随机开关箱内应设有隔离开关、熔断器、剩余电流保护器、负荷开关（如交流接触器、自动空气断路器等）、热继电器等；随机开关箱箱内的低压电器如有损坏，应换上相同型号规格的低压电器；各机械设备上的电气保护装置必须齐全、完好，动作可靠，严禁拆除，如机械设备上的各种限位开关；对各机械设备的操作控制方式严禁自行改动；机械设备上敷设的穿线护管应完好无缺，两头接口应严密牢固。

（2）中小型机械设备如无随机开关箱，应就近设置专用开关箱，专用开关箱和机械设备之间的距离应小于 3m，专用开关箱内所装低压电器的要求与随机开关箱内低压电器的要求相同。

（3）不大于 3kW 的三相异步电动机，可以采用手动开关电器直接控制。选用手动开关电器时，应优先使用铁壳开关。手动开关电器直接控制不频繁启动的三相异步电机时，其额定电流必须大于三相异步电动机额定电流的 3 倍。

（4）大于 3kW 的三相异步电动机，应采用自动电器或降压启动装置来控制。采用交流接触器时，必须采用按钮控制，不得使用拉线开关或其他的类似方式控制，以免发生停送电后设备自行起动事故。

（5）对于某些运转方向有要求的机械设备（如木工加工机械、砂浆机、混凝土搅拌机、打夯机等）不得采用双向开关（如倒顺开关等）。

（6）对于在使用中有振动的机械设备（如打夯机、磨石子机、软管振动机、平板振动机等），其保护接零（地）线与设备的连接点不得少于两处。

（7）磨石子机、打夯机上应装设铁壳开关，严禁使用胶盖瓷底闸刀开关。其手柄必须采取绝缘措施，使用时应戴绝缘手套。

（8）移动机械设备的随机电缆，其长度应不大于30m，中间不应有接头，应选用耐候型橡套软电缆。

第十一章　建筑施工现场临时用电管理

建筑施工现场临时用电管理应起自施工现场用电的准备到工程竣工临时用电工程拆除为止，贯穿整个建筑施工用电过程。其管理内容应涵盖施工现场临时用电的设置、变更、运行、巡检、维修、测试、检查和拆除，以及电工和各类用电人员的选聘、定位、教育、培训、监督、考核等。施工现场临时用电管理主要包括：建立用电组织设计、电工和各类用电人员岗位职责、技能管理、安全检查以及用电安全技术档案等制度。

第一节　临时用电施工组织设计的内容

依据建筑施工临时用电组织设计的主要安全技术条件和安全技术原则，一个完整的建筑施工临时用电组织设计应包括现场勘测、确定设备位置及线路走向、负荷计算、变电所设计、配电线路设计、配电装置设计、接地设计、防雷设计、外电防护措施、安全用电与电气防火措施、施工用电工程设计施工图等，内容很多，且各项注意点不同，以下将分别介绍。

1. 现场勘测

现场勘测工作包括调查、测绘施工现场的地形、地貌、地质结构，正式工程位置、电源位置，地上与地下管线和沟道位置，以及周围环境等。

2. 确定设备位置及线路走向

通过现场勘测可确定电源进线、变电所、配电室、总配电箱、分配电箱、固定开关箱、物料和器具堆放、办公、加工与生活设施、消防器材的位置以及线路走向等。

3. 负荷计算

负荷计算主要是根据施工现场临时用电情况计算用电设备、用电设备组、配电线路以及作为供电电源的变压器或发电机的负荷。负荷计算是选择电力变压器、配电装置、开关电器和导线、电缆的主要依据。

负荷计算时要考虑以下几点：

（1）各用电设备不可能同时运行。

（2）各用电设备不可能同时满载运行。

（3）性质不同的用电设备，其运行特征各不相同。

（4）各用电设备运行时都伴随有功率损耗。

（5）用电设备的供电线路在输送功率时伴随有线路功率损耗。

4. 变电所设计

变电所设计主要是选择和确定变电所的位置、变压器容量、相关配电室位置与配电装置布置、防护措施、接地措施、进线与出线方式，以及与自备电源（发电机组）的联络方法等。

变电所的选址应考虑以下几点：

（1）接近用电负荷中心。

（2）不被其他现场施工触及。

（3）进、出线方便。

（4）运输方便。

（5）不宜在多尘、地势低洼、振动、易燃易爆、高温等场所设置。

5. 配电线路设计

配电线路设计主要是选择和确定线路走向、配线种类（绝缘线或电缆）、敷设方式（架空或埋地）、线路排列、导线或电缆规格以及周围防护措施等。

配电线路必须按照三级配电两级保护进行设计，同时因为是临时性布线，设计时应考虑架设迅速和便于拆除，线路走向尽量短捷。

6. 配电装置设计

配电装置设计主要是选择和确定配电装置（配电柜、总配电箱、分配电箱、开关箱）的结构、电器配置、电器规格、电气接线方式和电气保护措施等。

配电装置必须按照"一机一箱一闸"配置，配电层次要清楚，在选择电气产品时应注意不要选择淘汰型产品。

7. 接地设计

接地设计主要是选择和确定接地类别、接地位置以及根据对接地电阻值的要求选择自然接地体或设计人工接地体（计算确定接地体结构、材料、制作工艺和敷设要求等）。

8. 防雷设计

防雷设计主要是依据施工现场地域位置和其邻近设施防雷装置设置情况确定施工现场防直击雷装置的位置设置，其中包括避雷针、防雷引下线、防雷接地等位置的确定。在设有专用变电所的施工现场内，除应设置避雷针防直击雷外，还应设置避雷器，以防感应雷电波侵入变电所内。

9. 外电防护措施

应根据施工现场各种设施在施工作业过程中与邻近外电高、低压线路间的相对位置关系确定是否需要搭设绝缘防护隔离屏障或遮栏。屏障或遮栏应采用有可靠机械强度的绝缘材料制作，保证在施工作业过程中不会被破坏，并能有效地与外电线路实现电气安全隔离。

10. 安全用电与电气防火措施

安全用电措施包括施工现场各类作业人员相关的安全用电知识教育和培训，可靠的外电线路防护，完备的接地接零保护系统和剩余电流保护系统，配电装置合理的电器配置、装设和操作，以及定期检查维修，配电线路的规范化敷设等。

电气防火措施包括针对电气火灾的电气防火教育，依据负荷性质、种类大小合理选择导线和开关电器，电气设备与易燃、易爆物的安全隔离，以及配备灭火器材、建立防火制度和防火队伍等。

11. 施工用电工程设计施工图

施工用电工程设计施工图包括供电总平面图、变配电所布置图、立面图、供电系统图、接地装置布置图等。

编制施工现场临时用电施工组织设计的主要依据是《施工现场临时用电安全技术规范（附条文说明）》JGJ 46，以及其他的相关标准、规程等。

第二节　临时用电安全技术档案

建筑施工现场临时用电的安全技术档案的整个编写过程是施工现场临时用电的安装、运行管理的过程，是临时用电组织管理措施和电气安全技术措施的实施过程，也是控制和消除施工生产中的电气不安全状态和不安全行为，达到保护职工生命安全和国家财产免受损失的过程。建立临时用电安全技术档案，对加强临时用电管理的科学化、规范化、标准化起着十分重要的作用，也可以起到预防事故，尽早消除事故隐患的作用，同时也可为分析电气事故原因提供原始数据。

临时用电安全技术档案应有施工现场的电气技术人员负责建立和管理，也可指定工地安全员保管，对于平时的维修记录、测试记录等可由电工代管，工程结束，临时用电工程拆除后统一归档。

1. 临时用电安全技术档案内容

根据《施工现场临时用电安全技术规范（附条文说明）》JGJ 46 的规定，临时用电安全技术档案包括：

(1) 临时用电施工组织设计的全部资料。

(2) 修改临时用电施工组织设计的资料。

(3) 技术交底资料。

(4) 临时用电工程检查验收表。

(5) 电气设备的测试、检查凭单和调试记录。

(6) 接地电阻、绝缘电阻和剩余电流保护器测定记录表。

（7）定期检（复）查表。

（8）电工安装、巡检、维修及拆除工作记录。

临时用电安全技术档案的建立必须真实、全面和规范，不应流于形式，要真正起到指导施工用电，促进安全生产的作用。

2. 施工组织设计

（1）施工现场临时用电设备在 5 台及以上或设备总容量在 50kW 及以上者，应编制临时用电施工组织设计。

（2）临时用电施工组织设计的全部资料包括现场勘查的资料，所有用电设备的详细统计资料，用电负荷的计算资料，变配电所的设计资料，配电线路、配电箱及开关箱的位置及线路走向等的设计资料，接地或接零、防雷设计的资料，导线截面及开关电器装置选择的资料，防护措施的确定资料，接地装置设计图、电气总平面图、立面图、接线系统图，安全用电组织保证措施、安全用电技术保证措施、电气防火措施。

（3）临时用电施工组织设计是施工现场临时用电的基础性技术、安全资料，必须体现针对性、科学性、实用性的特点，各种资料必须有明确的来源，资料间必须互相衔接，以保证资料准确、可靠和系统。由于施工现场临时用电的特殊性，其对专业化程度要求很高，而电气管理也须具有一定的理论水平和技术水平，因为它关系着用电人员乃至整个工地职工的安危，绝不是其他人员能够随便代替的，所以临时用电施工组织设计必须由电气工程技术人员编制，经相关部门审核及具有法人资格企业的技术负责人批准后才能实施，只有这样，整个临时用电施工组织设计才算是完整的。

3. 修改临时用电施工组织设计的资料

施工过程是个动态过程，临时用电设施根据施工需要有时也要进行大范围改动，这时就必须对临时用电设计进行变更，且必须填写变更单，仍由原设计人员进行设计。同时，变更后的电气平面图、立面图等图纸，仍必须履行审核、审批手续，各种变更资料须附于变更单后以备查。

4. 技术交底资料

临时用电工程的施工组织设计在批准后、正式实施前或在临时用电实施过程中，电气工程技术人员向安装、维修临时用电工程的电工和各种设备的用电人员分别贯彻临时用电安全技术重点的过程称为技术交底。技术交底的主要内容包括临时用电安全技术规范、法规和各项条款的具体规定，临时用电施工组织设计的总体意图，总平面布置，在建工程和临近高压线的距离与保护措施，架空线路的敷设，电缆线路的敷设，变配电设施保养与维护，配电箱的设置，开关电器及熔丝的选择，接地与防雷保护，现场照明以及安全用电技术措施，冬雨期安全用电措施，电气防火措施，以及触电事故紧急处理原则，急救措施，各类人员的分工和职责等。

技术交底资料是施工现场临时用电的广泛性安全教育资料，它的编制与贯彻对于施工现场临时用电的安全工作具有全面的指导意义，因此，技术交底资料必须充分体现针对性、实用性的特点，应突出强调以保证电气安全为重点的安全技术措施，并且资料必须完备、可靠，特别是在技术交底资料上应明确显示交底日期、讨论意见和交底与被交底人的签名。

5. 检查验收资料

当临时用电工程施工完成后，必须由专业人员进行检查验收，并填写检查验收表，在验收表上应注明检查的内容，一般应包括：施工组织设计全部资料、技术交底资料是否齐全，临时用电安全管理的组织机构是否建立（临时用电安全责任制、定期不定期检查制度、培训教育制度），施工现场从变配电设施，高压线防护，线路选择与敷设，配电箱设置，熔丝及开关选择，接零接地防雷装置，现场照明、宿舍用电、临时用电标志及电气消防设施，线路绝缘电阻、接地电阻、防雷接地电阻的测试，上述检查无误后进行送电试运行，试运行时间为12h，在此期间，应派两位电工不间断值班，并进行剩余电流保护器的性能测试，经巡视检查合格后，临时用电设施方可投入使用，在填写验收表时验收人要写清楚验收结论，并办理签字手续。

6. 电气设备调试、测试资料

大型机械设备进入施工现场安装完毕后必须进行调试，其中也包括设备电气部分的调试。此类设备包括：吊车、混凝土输送泵、电渣压力焊机、对焊机、施工升降机、塔式起重机、物料提升机等，因为其在运行中，易发生各种伤亡事故，所以调试时必须认真、细致，严格把关，决不能让设备带病运转。

电气部分调试时首先应测试线路、电机等带电部分与非带电部分的绝缘电阻，其次应检查保护接零、接地，防雷接地电阻值，接着应仔细查看电器开关、电机外观等有无损坏，是否受压变形，各种防护罩是否齐全，最后应通电试运行，检查控制电器闭合、打开是否灵活，是否有卡死现象，依次检查各限位保险装置是否灵敏可靠，电机转动是否正常，制动是否可靠，设备能否正常作业等。对于检查发现的问题应及时整改，未整改到位的不能投入使用。设备只有试运行合格后方可投入正常使用。

7. 接地电阻测试记录

施工现场的接地有工作接地、保护接地和防雷接地等，各种接地的规定和电阻值的要求也有所不同，一般情况下，施工现场电力变压器或发电机的工作接地的电阻值不大于4Ω，对于单台容量不超过$100kVA$或使用同一个接地装置并联运行的总容量不超过$100kVA$的变压器或发电机的工作接地电阻值可适当放宽至不大于10Ω。重复接地电阻值一般不大于10Ω，但对于工作接地电阻值允许不超过10Ω的施工现场，每一个重复接地电阻值可放宽至不大于30Ω。对于防雷接地，按规定，施工现场内所有防雷装置的冲击接地电阻值不得大于30Ω。

接地电阻应每隔一段时间测试一次，冬雨期应增加测试次数，测试完应做好完整的记录，并办理签字手续。

8. 绝缘电阻测试记录

测试绝缘电阻主要包括对供电线路和用电设备的工作绝缘进行测试，应按不同回路、分级、分相，用相应规格型号的兆欧表测试。其中，对供电线路的测试一般应测各相间绝缘及对地绝缘，将各数值填入表格中，并与规范规定值相比较，规范中规定一般绝缘电阻值不小于 0.5MΩ，若发现问题应注明，填写处理意见，并办理签字手续。

9. 剩余电流保护器测试记录

剩余电流保护器是防止触电事故发生的重要保护装置，为保证其使用安全，必须经常进行试跳检查和常规检测。试跳检查由电工完成，每月每台剩余电流保护器都必须进行一次试跳，测试联锁机构的灵敏度。其测试方法为按动剩余电流保护器的试验按钮三次，带负荷分、合开关三次，相邻两次时间间隔至少 2min，不应有误动作。试跳结果必须进行记录，并办理签字手续，若发现问题则写明问题、处理意见及最后处理结果。常规检测主要是测试其性能参数，测试内容为：漏电动作电流、漏电不动作电流、分断时间及绝缘电阻，其测试应用专用的剩余电流保护器测试仪进行。以上测试应在安装后和使用前进行，剩余电流保护器投入运行后应定期（每月）进行测试，雷雨季节应增加测试次数。

10. 定期检查和复查资料

施工现场临时用电定期检查包括：电工每天上班前自查及由主要负责人带队组织定期的安全大检查。检查周期为：施工现场每月一次，基层分公司每季度一次，总公司每半年一次，遇到季度更换或特殊季节（如雷雨、刮风季节）应增加检查次数。

临时用电检查主要是查认识、查制度、查设施、查安全教育培训、查操作、查劳保用品等，具体来说就是检查用电人员的用电常识、自我保护意识；检查临时用电制度是否贯彻执行，责任制是否落到实处；检查三级配电、二级保护、接零接地绝缘等是否符合要求；检查电工的操作证及复审情况；检查用电人员安全操作情况及检查劳保用品的穿戴及配备情况等。

通过检查可以预防危险、清除危险，纠正违章指挥、违章作业和违反劳动纪律的"三违"现象，可以进一步宣传、贯彻落实安全生产方针、政策和各项安全生产规章制度。

检查时应认真仔细，不留死角，对存在的隐患应填入定期检查记录表，标明部位、内容，按"三定"（定时间、定人、定措施）的原则，立即组织制订方案，办理签字手续，落实整改，并按限定时间进行复查验收。

复查验收一定要在限定的时间内进行，只许提前，不应滞后，复查的目的就是检查事故隐患是否按时得到整改，以及整改措施是否得到有效落实。复查时应根据定期检查记录表中的隐患内容、部位，逐条进行核查，并对整改结果进行评价，对整改合格的项目予以销案，对于整改不合格或尚未整改的项目应勒令强行整改。

11. 电工安装巡检维修拆除工作记录

电工安装巡检维修拆除工作记录是反映电工日常电气安装巡检维修拆除工作情况的资料，由电气专业技术人员负责建立和审查。当临时用电设施或电气设备发生故障时，应由电气专业技术人员填写故障现象，分析故障发生的原因，并注明所采取的维修改进措施；应尽可能记载详细，包括时间、地点、设备、维修内容、技术措施、处理结果等，并经正式运行合格后填写结论意见及以后应注意的问题，避免事故再次发生并办理签字手续。

第三节　电工的基本职责

根据住房和城乡建设部有关规定，建筑施工现场的电工属于特种作业人员，须经培训并考核合格，取得由建设行政主管部门颁发的特种作业人员操作资格证书后，方能从事电工作业。

1. 基本要求

（1）应年满十八周岁，身体健康，无妨碍从事本职工作的病症和生理缺陷，具有初中以上文化程度和具有电工安全技术、电工基础理论和专业技术知识，并有一定的实践经验。

（2）维修、安装或拆除临时用电工程必须由电工完成，该电工必须持有特种作业操作证，且证书应在有效期内。

（3）电工等级应同临时用电工程的技术难易程度和复杂性相适应，对于应由高等级电工完成的不能指派低等级的电工去做。

（4）应了解电气事故的种类和危害，电气安全的特点、重要性，能正确处理电气事故。

（5）应熟悉触电伤害的种类、发生原因及触电方式。应了解电流对人体的危害、触电事故发生的规律，并能对触电者采取急救措施。

（6）应掌握安全电压的选择及使用。

（7）应了解绝缘、屏护、安全距离等防止直接电击的安全措施，绝缘损坏的原因、绝缘指标，掌握防止绝缘损坏的技术要求及绝缘测试方法。

（8）应了解各种保护系统，掌握应用范围、基本技术要求和使用、维护方法。

（9）应了解剩余电流保护器的类型、原理和特性，能根据实际合理选用剩余电流保护器，能正确接线和使用、维护测试。

（10）应了解雷电形成原因及其对用电设备、人畜的危害，掌握防雷保护的要求及预防措施。

（11）应了解电气火灾形成原因及预防措施，懂得电气火灾的扑救程序，合理选择使用及保管灭火器材。

（12）应了解静电的特点、危害及产生原因，掌握防静电基本方法。

（13）应了解电气安全保护用具的种类、性能及用途，掌握使用、保管方法和试验周期、试验标准。

（14）应了解施工现场特点，了解潮湿、高温、易燃、易爆、导电性、腐蚀性气体或蒸汽、强电磁场、导电性物体、金属容器、地沟、隧道、井下等环境条件对电气设备和安全操作的影响，知道在相应的环境条件下设备运行、维修的电气安全技术要求。

（15）应了解施工现场周围环境对电气设备安全运行的影响，掌握相应的防范事故的措施。

（16）应了解电气设备的过载、短路、欠压、失压、断相等保护的原理，掌握本岗位中电气设备保护方式的选择和保护装置及二次回路的安装调试技术；掌握本岗位中电气设备的性能，主要技术参数及其安装、运行、检修、维护、测试等技术标准和安全技术要求。

（17）应掌握照明装置，移动电具，手持式电动工具及临时供电线路安装、运行、维修的安全技术要求。

（18）应掌握与电工作业有关的登高、机械、起重、搬运、挖掘、焊接、爆破等作业的安全技术要求。

（19）应掌握静电感应的原理及在邻近带电设备或有可能产生感应电压的设备上工作时的安全技术要求。

（20）应了解带电作业的理论知识，掌握相应带电操作技术和安全要求。

（21）应了解本岗位内的电气系统的线路走向，设备分布情况、编号、运行方式、操作步骤和事故处理程序。

（22）应了解用电管理规定和调度要求。

（23）应了解施工现场用电管理各项制度。

（24）应了解电工作业安全的组织措施和技术措施。

2. 职责

（1）应根据施工图纸和施工组织设计进行电气安装。

（2）应做好巡视工作，定期对电气设备进行检查。

（3）应做好剩余电流保护器的测试并记录。

（4）应定期做接地电阻测试并记录。

（5）应定期做绝缘电阻测试并记录。

（6）应做好日常电气设备的维修并记录。

（7）应参与用电事故的处理并分析原因。

第四节　临时用电规章制度

为了做好安全用电，施工现场必须建立完整的临时用电规章制度。

1. 配电室安全管理制度

配电室是整个施工现场的用电枢纽，必须加以严格管理。

（1）室内必须做到"四防一通"，即防火、防雨雪、防潮、防小动物和保持通风良好。

（2）室内不应乱堆杂物，但应备有各种防护用具，如绝缘棒、绝缘手套、绝缘靴子等。

（3）室内还应有电气消防器材、应急照明灯。

（4）配电室必须定期检查、维护保养且有应急抢救措施和救火预案等。

（5）必须对合闸、拉闸顺序做详细规定，配电室严禁闲杂人员进入，实行专人专职。

（6）严禁在室内休息、玩耍或在室内从事其他工作。

2. 运行、检修管理制度

为了确保线路的正常运行，必须保证施工现场的每一只开关箱责任到人，对开关箱的使用、开关顺序、维护等应做出明确规定。从开关箱到用电设备的线路应由机械操作工负责维护；对现场需要更改临时用电设施必须做出规定，严禁工人自行接设等，夜间值班必须配备 2 名电工。

对于电气线路的检修必须明确规定：检修时必须两人在场，1 人检修，1 人实行监护；检修时必须挂牌或装设遮拦；停电检修、部分停电检修、带电检修应遵守相应的要求，如带电部分只允许位于检修人员的侧边，断线时必须先断相线，后断零线，接线时必须先接零线，后接相线等。监护人的具体要求、工作职责也应做明文规定，如监护人必须始终在工作现场，对工作人员的安全进行认真监护，及时纠正违反安全作业的动作，同时防止其他人员合闸送电。

3. 临时用电检查制度

建筑施工现场始终处于一个动态变化之中，临时用电也不例外。因用电设备进退场有早晚，有的因为设备需要还须更改临时用电施工组织设计，还有施工现场用电人员用电安全意识欠缺，对开关箱以下的线路乱拖乱拉，有意无意损坏电气设备的情况还很普遍且个别领导不懂装懂盲目指挥的现象还时有发生，所以很有必要对施工现场临时用电进行经常性地检查，也很有必要用制度形式将临时用电检查作业固定下来。

检查一般分为电气专业技术人员检查、定期测试和电工的巡回检查等几种。对每一项检查都应规定检查责任人、检查时间、检查项目，并都应做记录，如遇有问题必须进行整改，对整改也必须做出规定，必须定时间、定责任人、定措施。电气专业技术人员的定期检查一般应每周一次，从配电室开始到分配电箱、开关箱、用电设备应进行全面检查。定期测试一般由电工完成，包括对接地电阻的测试、绝缘电阻的测试、剩余电流保护器的测试。电工巡回检查的目的是监视设备运行情况和及时发现缺陷及用电人员的不安全行为，每班都必须巡视，在雷雨天必须增加巡检次数。

4. 安全用电教育制度

目前，建筑施工现场工人的安全生产意识淡薄，缺乏安全用电常识，所以很有必要以制度的形式将安全教育和安全技术培训固定下来。新进场工人和转换工种的工人必须进行三级教育，对使用电气设备的一般生产工人还应进行安全用电教育。电工是特种作业人员，必须进行用电安全技术培训、考核，且每两年必须进行复审。施工现场应根据不同季节进行安全用电教育并形成制度，如夏季着重于防触电事故教育，冬季则着重于防电气火灾教育。

5. 宿舍安全用电管理制度

目前，建筑施工队伍中的工人每天吃住在工地，其宿舍内电线私拉乱接现象较为严重，并常把衣服、手巾晾在电线上，冬天使用电炉取暖，夏天将小风扇接进蚊帐，还常因用电量太大或漏电而将熔断器用铜丝连接或将剩余电流保护器短接，这些行为极易引起火灾、触电事故，所以必须对宿舍用电加以制度约束管理。

宿舍安全用电管理制度应规定：宿舍内可以使用什么电器，不可以使用什么电器；严禁私拉乱接，宿舍内接线必须由电工完成；严禁私自更换熔丝，严禁将剩余电流保护器短接，同时还应规定处罚措施。

6. 技术交底制度

（1）进行临时用电工程的安全技术交底，必须分部分项按进度进行，不准一次性完成全部工程交底工作。

（2）设有监护人的场所，必须在作业前对全体人员进行技术交底。

（3）对电气设备试验、检测、调试前，检修前及检修后的通电试验前，必须进行技术交底。

（4）对电气设备的定期维修前、检查后的整改前，必须进行技术交底。

（5）交底项目必须齐全，包括使用的劳动保护用品及工具，有关法规内容，有关安全操作规程内容和保证工作质量的要求，以及作业人员活动范围和注意事项等。

（6）填写交底记录要层次清晰，交底人、被交底人及交底负责人必须分别签字，并准确注明交底时间。

7. 安全操作制度

（1）禁止使用或安装木质配电箱、开关箱、移动箱。电动施工机械必须实行"一闸一机一漏一箱一锁"，且开关箱与所控固定机械之间的距离不得大于 3m。

（2）严禁以取下（给上）熔断器方式对线路停（送）电。严禁维修时约时送电，严禁以三相电源插头代替负荷开关启动（停止）电动机运行。严禁使用 220V 电压行灯。

（3）严禁频繁按动剩余电流保护器和私拆剩余电流保护器。

（4）严禁长时间超铭牌额定值运行电气设备。

（5）严禁在同一配电系统中一部分设备做保护接零，另一部分做保护接地。

（6）严禁直接使用刀闸启动（停止）3kW 以上电动设备。

严禁直接在刀闸上或熔断器上挂接负荷线。

8. 电气维修制度

（1）维修用电设备时，应切断该设备电源，确认切断电源后，方可进行维修作业，严禁带电作业。维修作业中要严格执行电气安全操作规程。

（2）不准私自维修不了解内部原理的设备及装置；不准私自维修厂家禁修的安全保护装置；不准私自超越指定范围进行维修作业；不准从事超越自身技术水平且无指导人员在场的电气维修作业。

（3）不准在本单位不能控制的线路及设备上工作。

（4）不准随意变更维修方案而使隐患扩大。

（5）不准酒后或有过激行为之后进行维修作业。

（6）对施工现场所属的各类电动机，每年必须清扫、注油或检修一次。对变压器、电焊机，每半年必须进行清扫或检修一次。对一般低压电器、开关等，每半年检修一次。

9. 工作监护制度

（1）在带电设备附近工作时必须设人监护。

（2）在狭窄及潮湿场所从事用电作业时必须设专人监护。

（3）登高用电作业时必须设专人监护。

（4）监护人员应时刻注意工作人员的活动范围，督促其正确使用工具，并与带电设备保持安全距离。发现违反电气安全规程的做法应及时纠正。

（5）监护人员的安全知识及操作技术水平不得低于操作人。

（6）监护人员在执行监护工作时，应根据被监护工作情况携带或使用基本安全用具或辅助安全用具，不得兼做其他工作。

10. 安全检测制度

（1）测试工作接地和防雷接地电阻值，必须每年在雨期前进行。

（2）测试重复接地电阻值，必须每季至少进行一次。

（3）更换和大修设备或每次移动设备时，应测试一次电阻值。测试接地电阻值前必须切断电源，断开设备接地端。操作时不得少于 2 人，禁止在雷雨时及降雨后测试。

（4）每年必须对剩余电流保护器进行一次主要参数的检测，不符合铭牌值范围时应立即更换或维修。

（5）对电气设备及线路、施工机械电动机的绝缘电阻值，每年至少检测 2 次。摇测绝缘电阻值，必须使用与被测设备、设施绝缘等相适应的（按安全规程执行）绝缘摇表。

（6）检测绝缘电阻前必须切断电源，至少 2 人操作。禁止在雷雨时摇测大型设备和线路的绝缘电阻值。检测大型感性和容性设备前后，必须按规定方法放电。

11. 安全教育和培训制度

（1）安全教育必须包含用电知识的内容。

（2）没有经过专业培训、教育或经教育、培训不合格及未领到操作证的电工及各类主要用电人员不准上岗作业。

（3）不懂安全操作规程的用电人员不准使用电动器具。用电人员变更作业项目必须进行换岗用电安全教育。

（4）各施工现场必须定期组织电工及用电人员进行工艺技能或操作技能的训练，坚持干什么、学什么、练什么。采用新技术或使用新设备之前，必须对有关人员进行知识、技能及注意事项的教育。

（5）施工现场至少每年进行一次电气事故教训的教育，必须坚持每日上班前和下班后进行一次口头教育，即班前交底、班后总结。

（6）施工现场必须根据不同岗位，每年对电工及各类用电人员进行一次安全操作规程的闭卷考试，并将试卷或成绩名册归档。不合格者应停止上岗作业。

（7）按规定每年应对电工及各类用电人员进行继续教育。

12. 电器及电气料具使用制度

（1）对于施工现场的高、低压基本安全用具，必须按国家颁布的安全规程要求使用与保管。禁止使用基本安全用具或辅助安全用具从事非电工工作。

（2）现场使用的手持电工工具和移动式碘钨灯必须由电工负责保管、检修，用电人员每班用毕后须交回。

（3）现场备用的低压电器及保护装置必须装箱入柜。不得四处乱放使其着尘受潮。

（4）不准使用未经鉴定的各种剩余电流保护装置。使用推荐产品时，必须到厂家或与厂家销售部联系购买。不准使用假冒或劣质的剩余电流保护装置。

（5）购买与使用的低压电器及各类导线必须有产品检验合格证，且需要经有关部门认证，并应将产品的类型、规格、数量统计造册，归档备查。

（6）专用焊接电缆应由电焊工使用与保管，不准沿路面明敷使用，不得压砸，使用时不准盘绕在任何金属物上，存放时必须避开油污及腐蚀性介质。

13. 安全检查评估制度

（1）项目经理部安全检查每月应进行不少于 3 次，电工班组安全检查每日应进行 1 次。

（2）各级电气安全检查人员必须在检查后对施工现场用电管理情况进行全面评估，找出不足并做好记录，每半月必须归档 1 次。

（3）各级检查人员要以国家的法规及行业标准为依据，不得与法规、标准或上级要求发生冲突，不得凭个人主观进行检查评估，必须按规定要求进行评估。

（4）检查的重点是：电气设备的绝缘有无损坏，线路的敷设是符合规范要求，绝缘电阻是否合格，设备裸露带电部分是否有防护，保护接零或接地是否可靠，接地电阻值是否在规定范围内，电气设备的安装是否正确、合格；配电系统设计布局是否合理，安全间距是否符合规定，各类保护装置是否灵敏可靠、齐全有效；各种组织措施、技术措施是否健全；电工及各类用电人员的操作行为是否合理；有无违章指挥等情况。

（5）电工的日常巡视检查必须按《电气设备运行管理准则》等要求认真执行。

（6）对各级检查人员提出的问题，必须立即制定整改方案进行整改，不得留有事故隐患。

14. 工程拆除制度

（1）拆除临时用电工程必须定人员、定时间、定监护人、定方案。拆除前必须向作业人员进行技术交底。

（2）拉闸断电操作程序必须符合安全规程要求，即先拉负荷侧，后拉电源侧，先拉断路器，后拉刀闸。

（3）使用基本安全用具、辅助安全用具、登高工具等作业时，必须执行安全规程，操作时必须设监护人。

（4）拆除的顺序是，先拆负荷侧，后拆电源侧，先拆精密贵重电器，后拆一般电器。不准留下合闸（或接通电源）就带电的导线端头。

（5）必须根据所拆设备情况，穿戴相应的劳动防护用品，应采取相应的防护措施。

（6）必须设专人做好点件工作，并将拆除情况资料整理归档。

第十二章 常用电工仪表

第一节 常用仪表的分类

1. 电工仪表

凡是进行电量、磁量及电参量测量的仪器仪表统称为电工仪表,它是进行电工测量的必备工具和仪器。测量对象主要包括:反映电和磁特征的物理量,如电压(U)、电流(I)、功率(P)以及磁感应强度(B)等;反映电路特征的物理量,如电阻(R)、电容(C)、电感(L)等;反映电和磁变化的非电量,如相位(ϕ)、频率(f)、功率因数($\cos\phi$)等。

电工测量的方法一般可分为直读法和比较法两类,建筑工程上常用的为直读法。直读法测量是通过指示仪表直接读取被测电量的值。

2. 电工仪表的分类

(1)分类

电工测量仪表按结构和用途可以分为:

1)指示仪表。

2)积算仪表。

3)较量仪器。

4)记录仪表和示波器。

5)数字仪表。

6)测磁仪器。

7)扩大量限装置。

8)校验装置。

(2)指示仪表的分类

建筑工程常用的电工测量仪表，大部分属于指示仪表。

1）按仪表的工作原理分类

主要有：磁电式表、电磁式表、电动式表、感应式表、静电式表、热电式表、电子式表等。

2）按被测量对象分类

可分为：电流表、电压表、功率表、兆欧表、电度表、功率因素表、频率表等。

3）按仪表工作电流分类

可分为：直流表、交流表、交直流两用表等。

4）按使用方式分类

可分为：开关板式表、可携式仪表等。

5）按仪表的准确度分类

可分为：0.1、0.2、0.5、1.0、1.5、2.5、5.0 七个等级。级别的数字越小，准确度越高，误差越小，其用途见表 12-1。

各种等级仪表的用途 表 12-1

仪表等级	用途
0.1～0.2	用以校正其他工作仪表
0.5～1.5	一般用于试验室做试验
1.0～2.5	用于生产用配电屏、开关柜、发电机控制屏

6）按仪表防御外界磁场或电场的性能分类

可分为：Ⅰ、Ⅱ、Ⅲ、Ⅳ四个等级。Ⅰ级仪表在外磁场或外电场的影响下，允许其指示值与实际偏差不超过 $\pm 0.5\%$；Ⅱ级仪表允许偏差 $\pm 1.0\%$；Ⅲ级仪表允许偏差 $\pm 2.5\%$；Ⅳ级仪表允许偏差 $\pm 5.0\%$。

7）按仪表外壳的防护性能分类

可分为：普通式表、防尘式表、防溅式表、防水式表、水密式表、气密式表、隔爆式表七种。

3. 型号的组成

(1) 开关板指示仪表的型号组成，如图 12-1 所示。

1）形状第一位代号按仪表面板形状最大尺寸编制。

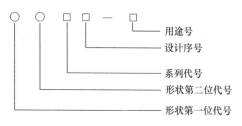

图 12-1　开关板指示仪表型号组成

2）形状第二位代号按仪表外壳形状尺寸特征编制。

3）系列代号按仪表工作原理类别编制，磁电式为 C、电磁式为 T、电动式为 D、感应式为 G、静电式为 Q、电子式为 Z、整流式为 L。

4）设计序号用数字表示。

5）用途号为国际通用符号，V 表示电压，A 表示电流。

6）举例：1T2-A，"1" 为形状第一位代号；"T" 为类组号，代表电磁式；"2" 为设计序号；"A" 为用途号，表示为电流表。其形状第二位代号为 "0"，省略。该仪表为外壳形状为正方形的电磁式电流表。

（2）可携式仪表型号组成，如图 12-2 所示。

举例：

MF-500 型万用表：M 表示专用仪表，F 表示万用表，500 为设计序号。

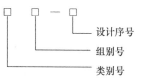

图 12-2　可携式仪表
型号组成

ZC-29 型兆欧表：Z 表示电阻度量，C 表示欧姆表，29 表示设计序号。

第二节　电　流　表

1. 直流电流表

（1）分类

直流电流表是用来测量直流电路中电流的仪表,按工作原理分为磁电式、电磁式和电动式三种,建筑工程上常用的是磁电式直流电流表,按测量范围可分为微安表、毫安表、安培表和千安表。

(2)工作原理

磁电式直流电流表由固定的磁路系统和可动线圈两部分组成,磁路系统包括永久磁铁、极掌、铁芯等,可动线圈由游丝、指针、平衡锤、调零器、转轴等组成。当可动线圈中流过电流时,由于永久磁铁的磁场和线圈电流相互作用产生电磁力,驱动可动线圈带动指针偏转,可动线圈偏转时引起游丝变形,产生反作用力,阻止其变形,当电磁力作用的力矩与该反作用力矩相等时,指针即保持平衡,停止在某一偏角上,此时即可读出数值。

(3)使用

使用直流电流表测量电流时,将电流表串联于被测电路中,因为串联电路中电流处处相等,表头数值即为所测电路的电流大小。

由于电流表具有一定的内阻,当电流表接入时会影响电路的电流,所测到的电流值将比实际电流小,产生测量误差,为了减少这种误差,就必须尽可能地降低电流表内阻,使其小到与电路负载相比可以忽略不计的程度。

电流表的测量范围,一般都是表头的最大刻度值,称为电流表的量程,所测电流不允许大于量程,当被测电流超过电流表量程时,可能造成仪表的损坏。

由于磁电式直流电流表的电流通过游丝,而游丝一般只能通过几十毫安的电流,最大不超过 100mA,当需测量较大的电流时,就须将测量机构并联分流器来扩大电流表量程(制成较大量程的电流表),这种方法叫"扩程"。对于同一电流表,可以通过并联不同的分流器,得到不同的量程,分流器有内外之分,当被测电流很大时(一般 30A 以上)时,采用外附分流器。分流器的额定值常不用电阻值表示,一般只注明"额定电压"和"额定电流"，额定电压统一规定为 30mV、45mV、75mV、150mV、300mV 五种。当测量机构的电压量限与分流器上的额定电压相等时，即可配用。这时，电流表的量限即等于分流器上的额定电流。

（4）接线方法

直流电流表的测量接线如图 12-3 所示。

图 12-3　直流电流表的测量接线

(a) 电流表直接接入电路；(b) 电流表经分流器接入电路

2. 交流电流表

（1）分类及常用型号

低压交流电流表按其接线方式，可分为直接接入式和经电流互感器二次绕组接入式两种。直接接入式的电流表一般最大满偏电流为 200A，经电流互感器二次接入式的电流表，量程可达 10kA。

常用的交流电流表主要有 1T1 型、42 型方形仪表和 59 型、44 型矩形仪表。

（2）结构原理

建筑施工现场常用的电磁式交流电流表的结构型式主要有吸引型和排斥型。

1）吸引型结构原理

吸引型结构主要由固定线圈、可动铁片、指针、阻尼片、游丝、永久磁铁、磁屏蔽体等组成，其主要特点就是固定线圈为扁形线圈结构。当固定线圈中通入电流时，线圈产生磁场，并使可动铁片磁化，其极性与线圈的磁场方向一致，即铁片靠近线圈一侧的磁极性与该侧线圈的磁极性相反，互相吸引，使可动铁片移动，产生力矩使指针偏转，当此力矩与游丝产生的反作用力矩平衡时，指针便稳定在某一位置，从而指示出数值。

2）排斥型结构原理

排斥型结构主要由固定线圈、固定铁片、可动铁片、转轴、游丝、指针、阻尼片、平衡锤、磁屏蔽体组成，主要特点是固定线圈为圆形线圈结构。当线圈中通入电流时，产生磁场，使固定铁片和可动铁片磁化，两者极性相同，相互排斥，产生转动力矩，使可动铁片带动转轴和指针偏转，当偏转到一定角度与游丝产生的反作用力矩平衡时，指针平衡，即指示出数值。

3）特点

① 由于可动部分都不随电流方向的变化而变化，所以两者既可测交流，又可测直流，测直流时，不存在极性问题。

② 结构简单，过载能力强。

③ 标度尺的刻度不均匀。

④ 防外界磁场干扰性能差。

（3）使用

1）交流电流表应与被测电路或负载串联，严禁并联，如果将电流表并联入电路，则由于电流表的内电阻很小，相当于将电路短接，电流表中将流过短路电流，会导致电流表被烧毁并造成短路事故。

2）一般直接接入电路的交流电流表测量的范围最大不超过200A，要测量大电流就必须扩大其量程。采用经电流互感器二次绕组接入式电流表，测量电流可达10kA。电流互感器是一种类似于变压器的电器装置，是将高电压系统中电流或低压系统中的大电流变成低电压标准小电流的电流变换装置，国家标准代号为"TA"，主要由一次绕组、二次绕组、铁芯以及绝缘支持物等构成。工作时，一次绕组匝数很少，串联在被测电路中，流过被测电路的全部负荷电流，二次绕组匝数较多，其两端与仪表或继电器的电流线圈相连接。由于二次侧所接负载的阻抗非常小，几乎等于零，故正常工作时的电流互感器二次侧基本上处于短路状态。借助电流互感器测量大电流时应注意：

① 电流互感器的原绕组应串接入被测电路中，副绕组与电流表串接。

② 电流互感器的变流比应大于或等于被测电流与电流表满偏值之比，以保证电流表指针在满偏以内。

③ 电流互感器的副绕组必须通过电流表构成回路并接地，二次侧不得装设熔丝。

3）交流电流表的测量接线如图 12-4 所示。

图 12-4　交流电流表的测量接线

（a）电流表直接接入电路；（b）借助互感器接入电路

第三节　电　压　表

1. 直流电压表

（1）分类

测量直流电路中电压的仪表称为直流电压表，按工作原理分为磁电式直流电压表、电磁式直流电压表和电动式直流电压表，按其量程范围，一般分为毫伏表、伏特表和千伏表。

（2）工作原理

1）磁电式直流电压表

从上节介绍磁电式直流电流表可知，磁电式直流电压表可测直流电压，计算公式如下：

$$I = \frac{U}{R_c} \tag{12-1}$$

式中　I——流过测量机构的电流，A；

　　　U——加在测量机构上的电压即被测电压，V；

　　　R_c——测量机构内阻，Ω。

由于偏转角 α 与电流 I_c 成正比，电流 I_c 又与电压 U 成正比，所以偏转角与电压成正比。偏转角大小反映了电压的大小，因此，将直流电流表上的刻度换成电压刻度，就变成了简单的电压表。

由于磁电式直流电压表只允许通过很小的电流，所以也只能直接测量低电压，若需测较高电压，就必须进行扩程。磁电式直流电压表的扩程，常采用将测量机构附加电阻串联的方法，扩程的相关计算如下：

$$I = \frac{U}{R_c + R_s} \tag{12-2}$$

$$R_s = (m-1)R_c \tag{12-3}$$

式中　R_s——串联的附加电阻，Ω；

　　　m——扩大量程倍数。

式中表明：当电压量程扩大 m 倍时，需要串入的附加电阻是表头内阻 R_c 的 $(m-1)$ 倍。

2）电磁式直流电压表

电磁式直流电压表固定线圈的线径很细，工作电流很小，为了使电压表在测量时具有足够大的磁场强度，产生足够大的转动力，匝数须达到一定数目，所以电磁式直流电压表的固定线圈的匝数要比电流表的匝数多得多。电磁式直流电压表的扩程方法是采用固定线圈与附加电阻串联，但串联的附加电阻阻值不能太大，所以表的内阻不可能无穷大。接入电路后，内阻起了分流作用，导致负载上的电压降减小，使其测量结果与实际数值发生误差。为了减小内阻的分流作用，提高测量的准确度，因此要求电压表内阻越大越好。

3）电动式直流电压表

电动式直流电压表的测量机构由固定线圈、可动线圈和附加电阻串联后组成，如图 12-5 所示。由于当附加电阻一定时，通过电压表的电流与仪表两端的电压成正比，可动部分的偏转角 α 与被测电压的平方有关，所以其标度尺刻度是不均匀的。

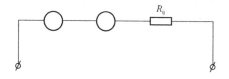

图 12-5　电动式直流电压表结构图

（3）使用

使用直流电压表进行电压测量时，应将电压表并联在所测部分的两端，同时应将电压表"＋""－"极与直流电路的"＋""－"极相对应，如图 12-6 所示。

由于电压表与被测电路并联，其本身具有一定的内阻，所以能测到的电压将比实际电压大，存在测量误差。为了减少这种误差，必须使其内阻无限扩大，并且越大越好。

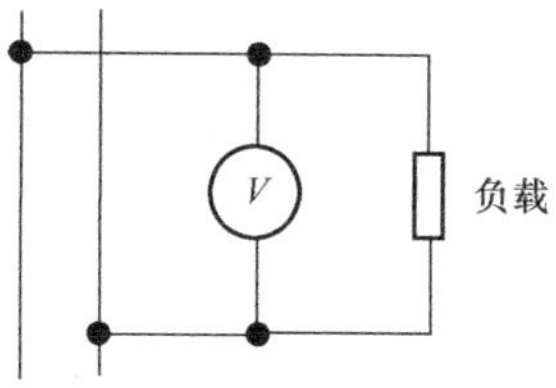

2. 交流电压表

（1）分类及常用型号

交流电压表按接线方式可分为低

图 12-6　直流电压表
测试接线图

压直接接入测量和高压经电压互感器后在二次侧间接测量两种方式，低压直接接入式交流电压表一般用在 380V 或 220V 电路中。

常用的交流电压表主要有 1T1 型、42 型方形仪表和 59 型、44 型矩形仪表。

（2）结构原理

电磁式交流电压表和电流表的构造原理基本上相同，所不同的地方主要是仪表的内电路部分，电流表的内电路部分具有很小的内阻和较大的导体截面，而电压表则要求内电路具有大内阻和小截面。

（3）电压互感器

1）用途

一般电磁式电压表只能测量 500V 以下的电压，当所测电压较大时，常使用电压互感器，将高压降为 100V，再进行连接测量，这样可以降低仪表的绝缘强度，仪表的体积也相对缩小，测量时也相对安全。

2）原理

电压互感器的结构与降压变压器相似，也由一次绕组、二次绕组、铁芯、接线端子（瓷套管）以及绝缘支持物等组成。

电压互感器的一次绕组匝数较多，与被测电路并联。二次绕组匝数较少，与测量仪表的电压线圈并联。铁芯是电压互感器产生电磁感应的磁路部分，一、二次绕组都绕在铁芯上。

一次绕组加载交流电压后，其中通过交变电流，会在铁芯中产生交变磁通。因为一、二次绕组在同一铁芯上，主磁道又同时穿过一、二次绕组，所以在二次绕组中会产生感应电动势，如二次侧有闭合回路，就会产生电流。电压互感器工作原理如图 12-7 所示。

一次绕组与二次绕组额定电压之比叫做变压比，用公式表示为：

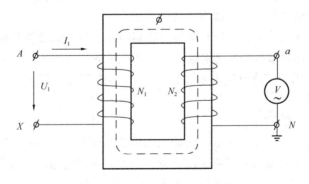

图 12-7　电压互感器工作原理

$$K = \frac{U_{e1}}{U_{e2}} \qquad (12\text{-}4)$$

3）使用注意事项

① 电压互感器的接线必须遵守并联连接的原则。

② 电压互感器的外壳和二次绕组应进行接地。

③ 电压互感器的一次绕组和二次绕组不允许短路，一、二次侧必须装设熔断器。

④ 电压互感器的变压比应大于或等于被测电压与电压表满偏值之比，以保证电压表指针在满偏刻度以内。

（4）接线

交流电压表测量时，和直流电压表一样，也是并联接入电路，而且只能用于交流电路测量电压。当将电压表串联接入电路时，则由于电压表的内阻很大，几乎可将电路切断，从而使电路无法正常工作，所以在使用电压表时，不能与被

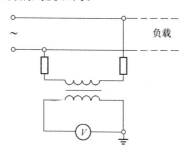

图 12-8　借助电压互感器
测量交流电压

测电路串联。借助电压互感器测量交流电压，如图 12-8 所示。

第四节　电　度　表

1. 单相电度表

（1）简述

单相电度表是一种感应式仪表，主要用于 220V 供电线路中的电能计量，应用较为广泛，特别是在居民用电计量中较为常见。它的结构简单，电流特性好，工作性能稳定。单相电度表型号众多，部分型号因性能差，结构陈旧，工艺水平低而被淘汰，更新换代推荐的产品有 DD862 以及 DD862a 型，这两种电度表准确度等级为 2.0 级，额定电压 220V，标准电流有多种。

（2）结构原理

单相电度表是由两组绕在铁芯上的线圈（与电路并联的为电压线圈，与电路串联的为电流线圈）、转轴组成的驱动元件、用来积算电能计度器的转动元件、磁钢构成的制动元件调整装置、接线端钮盒等元件再加上基架、表底、表盖构成。

当单相电度表接入交流电路时，电压线圈承受电压，线圈内产生励磁电流，在铁芯中产生交变磁通，并穿过铝制圆盘；电流线圈通过负荷电流产生交变磁通，该磁通两次穿过圆盘。这三个磁通在圆盘中感应出三个涡流，三个涡流与三个交变磁通相互作用，产生转动力矩，驱动圆盘旋转，其转动力矩的大小与负载的有功功率成正比，圆盘转动，切割制动磁铁的磁力线，在圆盘中产生感应电流，它和制动磁铁的磁场相互作用，产生制动力矩，方向与转动力矩的方向相反，大小与圆盘转速成正比，当制动力矩与转动力矩相等时，圆盘就保持匀速旋转，计度器被圆盘带着转动，并且计算在某一段时间内的转数，即与这段时间内电路消耗的电能成正比，所以计度器的读数即为电路中有功电能的消耗量。

（3）使用

1）接线方式

单相电度表的接线方式主要有两种，即直接接入法和经电流互感器接入法，其中直接接入法按表内接线方式不同，又分为跳入式和顺入式，国产的单相电度表绝大部分是跳入式的，本书只介绍此种接线方式。

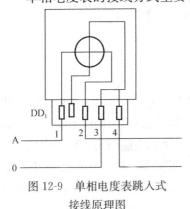

图 12-9 单相电度表跳入式
接线原理图

跳入式接线法其接线原则是"火进火出，零进零出"，如图 12-9 所示。其接线端钮 1、2 为电流线圈（电阻值近似为零）串联在相线中，电压小勾在 1、2 端钮之间，并与端钮 1 连接，端钮 3、4 在表内用连接片短接后与电压线圈的尾端连接，表外则与零线连接，电压线圈（即端钮 1、3 或 1、4）电阻值均为 800Ω 左右，与电路并联。

2）使用要求

① 选择电度表时，要使电度表铭牌上的额定电压和额定电流值等于或略大于电路的电压和电流值。

② 不允许电度表安装在负载经常低于额定负荷的 10％以下的电路中。

③ 安装场所应干燥、避振，便于安装、试验和抄表。

④ 应安装在定型的开关柜（箱）内或专用电表箱和配电盘上。

⑤ 电度表箱暗装时，底口距地面应不低于 1.4m，明装时不低于 1.8m，特殊情况不低于 1.2m，装于成套配电箱时不低于 0.7m。

⑥ 电度表应垂直安装，倾斜角度应不大于 1°，若角度偏大，将会加大计量误差。

⑦ 接线时，相线应接电流线圈首端，零线应一进一出，相线、零线不得接反，否则会造成漏计量，且不安全。

⑧ 开关、熔断器应接于负荷侧。

2. 三相有功电度表

（1）分类及常用型号

在三相电路中，测量电能常采用三相有功电度表，其从结构上可分为三相四线电度表（三相三元件电度表）、三相三线电度表（三相两元件电度表）。

三相四线电度表型号为 DT 型，额定电压为 220V/380V，其更新换代推荐产品型号为 DT862 型，准确度等级 2.0 级；三相三线电度表型号为 DS 型，额定电压为 380V，其更新换代推荐产品为 DS862 型及 DS864 型。

（2）结构原理

1）三相四线有功电度表

三相四线有功电度表属于感应式仪表，其工作原理和单相电度表相似，只是结构上较复杂。它的结构相当于三只单相电度表驱动元件和制动元件的组合，每一个驱动元件都包括一个绑扎有电压线圈的铁芯和一个绑扎有电流线圈的铁芯。

三相四线电度表的铝制圆盘有单圆盘、双圆盘和三圆盘三种。现大量采用的是双圆盘，即有两个驱动元件共同作用在一个圆盘上，而另一个驱动元件则单独作用于另一个圆盘上。不论是几个圆盘，圆盘的转轴只有一个，且也只有一个计度器，所以驱动元件的转矩共同作用在同一转轴上，相当于进行转矩叠加，测出的即是三相负载消耗的电能。

2）三相三线有功电度表

三相三线有功电度表基于两表法测量功率的原理，其结构为两只单相电度表的组合，包括两个驱动元件、两只圆盘、两只制动磁钢，工作时作用于转轴上的总转矩为两个驱动元件产生的转矩之和，且与三相负载的有功功率成正比。因此，圆盘的转数可以反映被测三相有功电能的大小，并通过转轴带动计度器测量出三相电路的有功电能。

三相三线有功电度表也大多为双圆盘结构，但与三相四线所不同的是，其电压线圈的额定电压为线电压（即380V），而三相四线有功电度表的电压线圈的额定电压为相电压（220V）。三相三线有功电度表用于三相三线制供电系统中，无论三相负载是否平衡均能正确测量，但在三相四线制供电系统中，三相负载总是不平衡的，工作零线总有一定电流经过，因此，在三相不平衡时用三相三线电度表测量，三相有功电度表只适用于三相负载平衡的电能测量（如三相异步电动机）。

3. 三相有功电度表的接线

（1）接线方式

三相有功电度表的接线方式有直接接入式和经电流互感器间接接入式。本书此处只介绍直接接入式，如图12-10和图12-11所示。

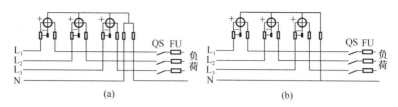

图 12-10　三相四线有功电度表直接接入式接线原理图

（a）DT 型 25A；（b）DT 型 40-80A

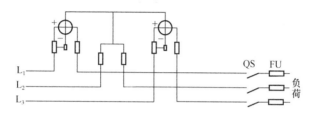

图 12-11　DS 型 25A 三相三线有功电度表直接接入式接线原理图

（2）接线要求

1）应根据负载电流合理选用电度表，电度表的额定电流应等于或略大于负载电流。

2）按额定电流选择连接导线截面。常采用绝缘铜线，最小截面积不小于 $2.5mm^2$，一般 $6mm^2$ 及以下应选单股线。

3）接线时应按正相序入表，即 A-B-C 或 B-C-A 或 C-A-B。

4）三相四线表，零线必须入表。

5）相线、零线不能接反。

6）直接接入式电度表、电压联片必须连接牢固。

7）开关熔断器应接负荷侧。

8）电度表金属外壳应接地或接零。

第五节　接地电阻测试仪

1. 简述

接地电阻测试仪又称接地摇表，目前常用的为国产 ZC-8 型和 ZC-29 型，见表 12-2。它们具有体积小、重量轻、便于携带、使用方便等特点，下面以 ZC-8 型为例，介绍其结构原理及使用方法。

常用接地电阻测试仪型号　　　　表 12-2

型号	量限（Ω）	最小刻度分格（Ω）	准确度(%)		电源
			额定值30%以下	额定值30%	
ZC-8	0～1	0.01	为额定值的±1.5	为指示值的±5	手摇发电机
	0～10	0.1			
	0～100	1			
	0～10	0.1			
	0～100	1			
	0～1000	10			
ZC-29	0～10	0.1	为额定值的±1.5	为指示值的±5	手摇发电机
	0～100	1			
	0～1000	10			

2. 结构原理

（1）结构

ZC-8 型接地电阻测试仪主要由手摇交流发电机、相敏整流放大器、电位器、电流互感器、检流计及量程挡位转换开关等组成，全部结构密封于铝合金铸造的携带式外壳内，如图 12-12 所示。

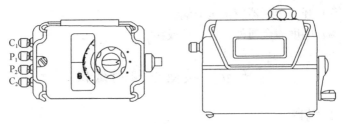

图 12-12　ZC-8 型接地电阻测试仪

仪器附件包括接地极探测针两根、测试导线三根，长度分别为5m、20m、40m。

ZC-8型接地电阻测试仪接线端钮有三线和四线两种。三个接线端钮（E、P、C），其量程挡位开关的倍率为：×1（0～10Ω）、×10（0～100Ω）、×100（0～1000Ω），最小分辨率为0.1Ω；四个接线端钮（C_1、P_1、P_2、C_2），其量程挡位开关的倍率为：×0.1（0～1）、×1（0～10）、×10（0～100Ω），最小分辨率为0.01Ω。

（2）工作原理

接地电阻测试仪的工作原理如图12-13所示。在两根接地体P_1、P_2之间加上固定电压后，就产生电流流过P_1和P_2，它们各自的电压U_1和U_2是与接地电阻的数据成正比的，所以只要测出电压降（一般把距离它们20m处的土壤看成零电位，再以它为基准分别测出U_1和U_2），由欧姆定律利用电压和电流值便能推算出接地电阻值。

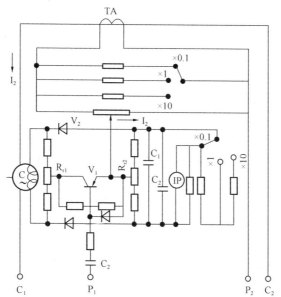

图12-13　接地电阻测试仪工作原理图

在用 ZC-8 型接地电阻测试仪测量接地电阻时，仪表的接线端钮 P_2、C_2 短接后与接地极 E 相连，另外两个端钮 P_1、C_1 连接相应的电压探测针和电流探测针，电流从发电机流出，经过电流互感器的一次线圈，接地极 E、大地和电流探测针再回到发电机，电流互感器二次线圈产生的电流通过电位器，当检流计指针偏转时，借助调节电位器的触点，以使其达到平衡，读出调节旋钮的读数，即为所测电阻值。

ZC-8 型接地电阻测试仪可以测量各种接地装置的接地电阻值，四接线端钮的可以测量土壤电阻率，同时还可测量低值电阻。

3. 使用

（1）用前检查

1）检查外观是否完好无损，量程挡位、刻度盘是否转动灵活。

2）将仪表水平放置，检查指针是否与刻度中心线重合，若不重合，须进行机械调零。

3）做短路试验，挡位开关旋至最低挡，将仪表的接线端钮全部短接，摇动摇把后，指针应与刻度中心线重合，若不重合，则说明仪表本身就不准。

（2）实测接地电阻

1）切断接地装置与电源或电气设备的所有连接。

2）放线，将 20m 测试线与 40m 测试线按直线形式排列放好，将探测针打入土壤中，深度至少为探测针长度的 2/3，然后接测试线。

3）将 5m 测试线一端夹在接地装置上。

4）将测试线与仪表相连接，正确接线方式如图 12-14 所示。

5）在测试时将挡位打到最大位数，慢慢转动发电机摇把，同时转动测量刻度盘，使指针指在中心线上，当指针接近于平衡时，加快转速，使其达到每分钟 120 转，同时调整测量刻度盘，使指针指向中心线。

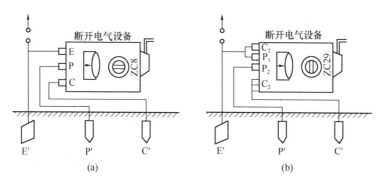

图 12-14　测量接地电阻接线示意图

（a）三个端钮；（b）四个端钮

若测量刻度盘读数小于 1 应换挡，减小倍数，再继续上述步骤，使指针指向中心线，用测量刻度盘的读数乘以"倍率"的倍数，即为所测接地电阻值。

（3）测量土壤电阻率

用带四个接线端钮的接地电阻测试仪，可以测量土壤电阻率 ρ，接线方式如图 12-15 所示，在被测区域沿直线插入四根接地极，彼此距离为 a，其埋入深度不应超过 a 的 1/20，接线时应打开 C_2 和 P_2 端钮间的短路连接片，用四根导线将四个接地探测针连接到仪表的四个接线端钮上，如图 12-15 所示。测量方法与接地电阻的测量方法相同，只是最后要进行以下计算：

所测土壤电阻率为：

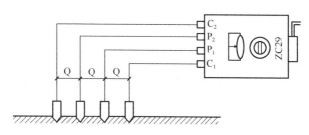

图 12-15　测量土壤电阻率接线图

$$\rho = 2\pi a R_X \tag{12-5}$$

式中 ρ——该地区土壤电阻率，$\Omega \cdot m$；

a——接地极之间的距离，m；

R_x——接地电阻测试仪上的读数，Ω。

一般情况下应重复测量几次，取平均值。

（4）测量低值电阻

接地电阻测试仪允许测量低值电阻的阻值，测量时，应将 C_1 和 P_1、P_2 和 C_2 分别短接，然后将电阻接于 C_1P_1 和 P_2C_2 两端，接线方式如图 12-16 所示，测量方法和接地电阻测量方法相同，读出的数值即为电阻值。

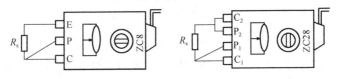

图 12-16　测量低值电阻接线图

（5）测量注意事项

1）不准带电测量接地装置的接地电阻，测量前必须断开电源。

2）雷雨天气不得测量避雷装置的接地电阻。

3）易燃易爆场所和有瓦斯爆炸危险的场所，应使用 EC-18 型安全火花型接地电阻测试仪。

4）测试线不应与高压架空线或地下金属和地下金属管道平行，以防影响准确度。

5）测试时，应防止在 P_2C_2 端与被测接地断开的情况下继续摇测。

4. 数字钳形接地电阻测量仪

目前，国际上最先进的为数字单钳接地电阻测量仪，其不必使用辅助接地棒，只要卡住接地线或接地棒，就能测出接地电阻，电阻分辨率可达 0.01Ω，测量范围为 $0.1 \sim 1200\Omega$，并且还能测量交流电流。

CA6415 精密钳形接地电阻测量仪是一种可以方便、快速测量接地电阻的仪表，这种测量仪表在测量时不必使用辅助接地探针，也不需要中断待测设备接地，只要钳夹住接地线或接地探针，就能测量出接地体的接地电阻。此种机型也能作电流测量用，较高的灵敏度使其能测量最小至 1mA 的泄漏电流，而中性线电流则可至 30A（有效值）。此功能在当待测接地网络含有会影响电力品质的较大杂波信号及谐波时，是相当重要的。该钳形接地电阻测量仪可提供警报及记忆储存功能，在警报模式下，如果测量值超过或低于输入设定值时，将会发出警报声信号；其可存储 99 组数值（电阻或电流），方便日后对所测量数值进行分析与核对。储存的资料及警报设定值在关机后仍然可以保存。

第六节　兆　欧　表

1. 简述

兆欧表又称摇表或绝缘电阻表，是专门用来测量电机、电器和线路绝缘电阻的仪表，常用的型号有 ZC-7、ZC-11、ZC-25、ZC-40 型等，还有晶体管兆欧表 ZC-30、ZC-44 型和市电式兆欧表 ZC-42 型。兆欧表是一种具有高电压而且使用方便的测量大电阻值的指示仪表，它的刻度尺的单位是兆欧，用 $M\Omega$ 表示，$1M\Omega$ 等于 $10^6\Omega$，所以称之"高阻计"。

2. 结构和工作原理

（1）结构

兆欧表的基本结构由一台手摇发电机、磁电式流比计和附加电阻组成。

手摇发电机分为直流和交流两种，兆欧表需要的是直流电源。最常用的交流发电机都配有整流装置，经整流后可提供直流电源。手摇发电机的容量较小，但输出电压却很高，兆欧表的额定电压和测量范围就是根据手摇发电机输出的最高电压分类的，电压越高，能测量的绝缘电阻的阻值越高。

磁电式流比计是一种特殊形式的磁电式测量机构，它是兆欧表的测量机构，该计区别于其他测量机构在于其非工作状态下指针可停留在刻度尺上的任意位置，而不像其他测量机构的指针一定要停在零位上。

（2）工作原理

兆欧表的电路工作原理如图 12-17 所示，发电机摇动时产生的电压为 U，如两个线圈的内阻分别为 r_1 和 r_2，限流电阻是 R_1，R_2，则流经两个线圈的电流分别为：

$$I_1 = \frac{U}{r_1 + R_1 + R_x} \tag{12-6}$$

$$I_2 = \frac{U}{r_2 + R_2} \tag{12-7}$$

由上式可得： $$\frac{I_1}{I_2} = \frac{r_2 + R_2}{r_1 + R_1 + R_x} \tag{12-8}$$

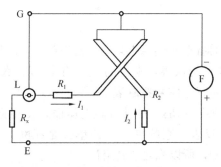

图 12-17　兆欧表的电路工作原理图

两个线圈电流之比是被测电阻 R_x 的函数。通电线圈在永久磁铁磁场作用下产生两个方向相反又与偏转角度 α 有关的转矩 M_1、M_2，通常 M_1 不等于 M_2，仪表可动部分在 $(M_1 - M_2)$ 作用下发生偏转，直至 $M_1 - M_2 = 0$（即 $M_1 = M_2$）时为止。此时：

$$\frac{I_1}{I_2} = f(x) \tag{12-9}$$

即电流比不但是被测电阻 R_x 的函数，也是偏移转角的函数，由上式可知 $\alpha = f(R_x)$，仪表刻度 α 可直接按电阻值进行刻度。

3. 兆欧表的选择

选择兆欧表主要应考虑兆欧表的额定电压、测量范围与被测电气设备或线路是否相适用。

选用兆欧表额定电压的原则是：额定电压高的电气设备或线路，其对绝缘电阻值的要求要大一些，所以应使用额定电压高的兆欧表进行测量；对低压电气设备或线路，内部绝缘所承受的电压低，为了保证电气设备不被兆欧表的电源电压所击穿，应选用额定电压低的兆欧表。表 12-3 是常用兆欧表的型号，供选用时参考。

常用兆欧表的型号 表 12-3

型号	标准度等级	额定电压（V）	量限（MΩ）	延长量限（MΩ）	电源方式
ZC-7	1.0	100 250 500 1000 2500	0～200 0～500 1～500 2～2000 5～2000	500 1000 1000.2.000∞ 5000.∞ 1000.∞	手摇直流发电机
ZC25-1 ZC25-2 ZC25-3 ZC25-4	1.0	100(±10%) 250(±10%) 500(±10%) (1000±10%)	0～100 0～250 0～500 0～1000		手摇发电机
ZC11-1 ZC11-2 ZC11-3 ZC11-4 ZC11-5 ZC11 6 ZC11-7 ZC11-8 ZC11-9 ZC11-10	1.0	100(±10%) 250(±10%) 500(±10%) 1000(±10%) 2500(±10%) 100(±10%) 250(±10%) 500(±10%) 50(±10%) 2500(±10%)	0～500 0～1000 0～2000 0～5000 0～10000 0～20 0～50 0～10000 0～2000 0～5500		手摇交流发电机硅整流器

兆欧表测量范围的选用原则是：测量范围不能超出被测绝缘电阻值太多，避免产生较大误差。

4. 兆欧表的使用

（1）用前检查

1）检查兆欧表外观是否完好无损，指针转动是否灵活，摇动手柄是否自如，有无异常现象。

2）开始试验时，在不接任何电气的情况下，以每分钟120转的转速，摇动手柄，指针应指向"∞"。

3）短路试验

① 将L端和E端短接，缓慢摇动手柄，指针应指向零位。

② 以较快转速摇动手柄，瞬间将E端和L端短接，指针应指向零位。

（2）注意事项

1）测量前必须先切断被测电气设备的电源，并且要充分放电。对于电容性负载，测量后还必须进行放电。

2）表的测量引线应使用绝缘良好的单根导线，且应充分分开，不得与被测设备的其他部位接触。

3）在潮湿场所或降雨状况下，应使用保护环来消除表面漏电。

4）摇测时应避免人体碰触导线和被测物，以免触电。

（3）摇测塔式起重机线路

1）切断塔式起重机电源，将塔式起重机司机室开关扳回零挡。

2）将兆欧表放在平衡水平面上。

3）将L端和E端分别接在塔式起重机专用开关箱出线的A相和B相上。

4）转动手柄，由慢至快，如发现指针已指向零位，则不应继续转动，此时说明已短路。

5）将相线调换，再进行摇测，测出A与B、A与C、B与C和A对地、B对地、C对地共六组数据。

6）塔式起重机线路的绝缘电阻最小值为0.5MΩ，但三相之间的绝缘电阻值应比较一致，若不一致，则不平衡系数不得大于 2.5。

（4）摇测三相异步电动机

1）对新安装的电动机应选用 1000V 兆欧表，运行中的应选用 500V 兆欧表。

2）定子绕组：测三相绕组对外壳（即相对地）及三相绕组之间的绝缘电阻。

转子绕组：对绕线式电动机的转子绕组进行摇测，项目是相对相。

3）正确摇测

① 断开电源接线。

② 测相对地时，兆欧表"E"测试线接电动机外壳，"L"测试线接三相绕组，即三相绕组对外壳一次摇成，若不合格时则拆开单相分别摇测。

③ 测相间绝缘时，首先应将相间联片取下，然后再进行相与相测试。

④ 大型电机测试前应进行放电。

4）绝缘电阻值标准

① 新安装的电动机用 1000V 兆欧表，绝缘不得低于 1MΩ。

② 旧电动机绝缘一般不低于 0.5 MΩ。

5）当出现下列情况时须进行摇测：

① 新安装投入运行前。

② 停用 3 个月以上再次使用前。

③ 电动机进行大修后。

④ 发生故障时。

第七节 万 用 表

万用表又称万能电表，可以用来测量交流、直流电流，电压和电阻，有的还可以测量电感、电容、音频电平、晶体管等，是电工经常使用的一种多用途、多量程的便携式仪表。

1. 万用表的结构和测量线路

万用表主要由表头、测量线路和转换开关及外壳等组成。图12-18 为 MF-500 型万用表面板及外形。

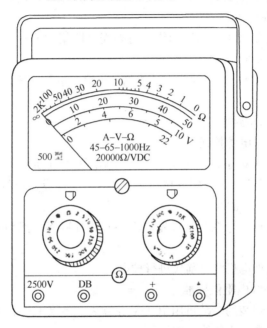

图 12-18　MF-500 型万用表面板及外形

万用表中有多种测量线路，可将各种被测电量转换成适合表头测量的直流电流，而这些测量线路是通过转换开关进行切换的，图 12-19 为万用表测量线路的示意图。

从图 12-19 中可以看出：

当转换开关 K 切换至"mA"位置时，从"＋"至"－"的测量线路实际是一个直流电流表，可测量被测线路的直流电流。

当转换开关 K 切换至"V"位置时，测量线路实际是一个直流电压表，可测量被测线路的直流电压。

当转换开关 K 切换至"V"位置时，交流电压通过整流二极管将交流电变成直流电，再送到表头进行测量，可测量被测线路的直交流电压。

当转换开关 K 切换至"Ω"位置时，万用表内部的电源与表头以及表内的固定电阻和被测电阻串联（图 12-20），电路中有电流流过，使表头指针偏转与被测电阻相对应，就可以从标度尺上直接读取被测电阻的电阻值。

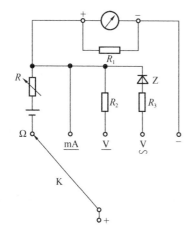

图 12-19　万用表测量线路示意图

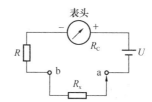

图 12-20　万用表测量电阻示意图

2. 万用表的使用方法

（1）端钮（或插孔）选择要正确：红色测试棒连接线要接到红色端钮上（或标有"＋"号的插孔内），黑色测试棒连接线要接到黑色端钮上（或标有"－"号的插孔内）。有的万用表备有交直流电压为 2500V 的测量端钮，使用时黑色测试棒仍接黑色端钮，而红色测试棒接到 2500V 的端钮上。

（2）转换开关位置选择要正确：根据测量对象转换开关转到相应的位置，有的万用表面板上有两个转换开关，一个是选择测量种类，另一个是选择测量量程。使用时应先选择测量种类，然后选择测量量程。

（3）量程选择要合适：根据被测量的大致范围，将转换开关转至适当的量限上，测量电压或电流时，最好使指针指在量程的1/2至2/3的范围内，这样读数较为准确。

（4）正确选择读数：在万用表的标度盘上有很多标度尺，它们分别适用于不同的被测对象。因此，测量时，在对应的标度尺上读数的同时也应注意标度尺读数和量程挡的配合，以避免差错。

（5）欧姆挡的正确使用

1）选择合适的倍率挡：测量电阻时，倍率挡的选择应以使指针停留在刻度线较稀的部分为宜，指针越接近标度尺的中间部分，读数越准确，越向左，刻度线越密，读数的准确度越差。

2）调零：测量电阻之前，应将两根测试棒碰在一起，同时转动"调零旋钮"，使指针刚好指在欧姆标度尺的零位上，这一步骤称为欧姆挡调零。每换一次欧姆挡，测量电阻之前都要重复这一步骤，从而保证测量的准确性。如果指针不能调到零位，说明万用表内电池电压不足，需要更换电池。

3）不能带电测量电阻：测量电阻时万用表是电池供电的，被测电阻决不能带电，以免损坏表头。

4）注意节省电池：在使用欧姆挡间歇中，不要让两根测试棒短接，以免浪费电池。

3. 使用万用表应注意的事项

（1）使用万用表时要注意手不可触及测试棒的金属部分，以保证安全和测量的准确性。

（2）在测量较高电压或大电流时，不能带电转动转换开关，否则有可能使开关烧坏。

（3）万用表用完以后，应将转换开关转到"空挡"或"OFF"，表示已关断。有的表没有上述两挡时可转向交流电压最高量程挡，以防下次测量时疏忽而损坏万用表。

（4）平时要养成正确使用万用表的习惯，每当测试棒接触被测线路前应再一次全面检查，看看各部分位置是否有误，确定没有问题时再进行测量。

第 八 节　钳 形 电 流 表

在用电流表测量电流时，通常需要停电后将电流表或电流互感器的初级绕组串接到被测电路中去，然后再进行测量，而钳形电流表在测量电流时，则不需要切断电路而可直接测量电路中负载电流的大小。

钳形电流表，是根据电流互感器的原理制成，主要由电流互感器、整流器、磁电式电流表和分流器组成，外形像钳子，如图12-21所示。

钳形电流表的电流互感器的铁芯呈钳口状，当捏紧铁芯开关扳手时铁芯可以张开。将被测电流的导线放入钳口中，松开手，钳口闭合，这样被测电流导线就成为互感器的一次绕组。二级线圈与电流表相连，当一次绕组中有负载电流时就在闭合的铁芯中产生交变电磁，使二次绕组中感应出导线所流过的电流，产生感应电动势流过表头，使指针偏转，所以可直接从表头中读出被测电流值（图12-22）。

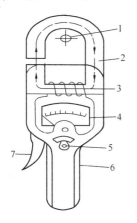

图 12-21　钳形电流表

1—被测导线；2—铁芯；3—二次绕组；
4—表头；5—量程开关；6—手柄；
7—铁芯开关

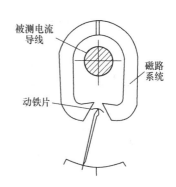

图 12-22　钳形电流表工作原理
示意图

使用注意事项

（1）使用前应检查钳形电流表外观是否完好，钳口铁芯有无污垢、锈蚀。

（2）不得用钳形电流表测量高压线路；被测线路的电压不能超过钳形电流表规定的使用电压，以防止绝缘层被击穿，造成人身触电事故。常用的钳形电流表技术规格参见表12-4。

常用钳形电流表的技术规格表　　　　表12-4

型号	量限				准确度等级	表头类别	备注
T-301	规格	电流（A）			2.5	整流系	交流
	T-301-250A	10；25；50；100；250					
	T-301-600A	10；25；100；300；600					
	T-301-1000A	10；30；100；300；1000					
T-302	规格	电流（A）	电压（V）		2.5	整流系	交流
	T-302-500V	10；50；250；1000	250；500				
	T-302-600V		300；600				
MG20	规格	电流（A）	规格	电流（A）	5	电磁系	交直流两用
	MG20-100A	100	MG20-200A	200			
	MG20-300A	300	MG20-400A	400			
	MG20-500A	500	MG20-600A	600			
MG21	规格	电流（A）	规格	电流（A）	5	电磁系	交直流两用
	MG21-750A	750	MG21-1000A	1000			
	MG21-1500A	1500					

（3）测量前应先估计被测电流的大小来选择合适的量程，不可用小量程去测大电流。如无法估计电流时，应选择最大量程测量。

（4）每次测量只能钳入一根导线。测量时应将被测导线置于钳口的中央部位，使钳口紧密闭合，以提高准确度。

（5）测量中不得换挡，如确需换挡，必须将导线退出钳口后方可进行。

（6）不得测量裸导线，以防止发生短路事故。

（7）测量结束后，应将量程调节开关扳至最大量程，以便下次安全使用。

第九节 验 电 器

验电器是检验导线和电气设备是否带电的一种电工常用检测工具，分为低压验电器和高压验电器两种。

1. 低压验电器

低压验电器又称测电笔或试电笔，其结构如图 12-23 所示，通常有笔式和螺丝刀式两种，是用来检测低压线路和电气设备是否带电的低压测试器，检测的电压范围为 60～500V。其由壳体、探头、电阻、氖管、弹簧等组成。检测时，氖管亮表示被测物体带电。

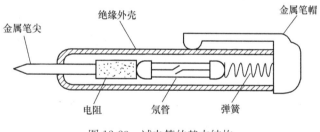

图 12-23 试电笔的基本结构

（1）试电笔的作用

1）判断电压高低。测试时可根据氖管发光的强弱来判断电压高低。

2）区分相线与零线。在交流电路中，当试电笔触及导线时，氖管发光的即为相线。正常情况下，触及零线是不会发光的。

3）区分直流电与交流电。交流电通过试电笔时，氖管里的两极同时发光；直流电通过试电笔时，氖管里的两极中只有一极发光。

4）区分直流电的正负极。把试电笔连接在直流电的正、负极之间，氖管中发光的一极即为直流电的负极。

5）判断相线是否碰壳。用试电笔触及电动机、变压器等电气设备外壳，若氖管发光，说明该设备相线有碰壳现象。如果壳体上有良好的接地装置，氖管则不会发光。

6）判断相线是否接地。用试电笔触及正常供电的星形接法三相三线制交流电时，如果有两根相线比较亮，而另一根比较暗，则说明亮度较暗的相线与地有短路现象，但不太严重；如果两根相线很亮，而另一根不亮，则说明这一根相线与地短路。

由于试电笔里的降压电阻的阻值很大，因此，试电时，流过人体电流很微弱，属于安全电流，不会对使用者构成危险。

（2）注意事项

1）使用前，一定要在已知带电体上试验，以鉴定试电笔是否完好，试电笔完好时方可使用。

2）试电笔前端应加护套，只能用露出 10mm 左右的一截作测试用。若不加护套，因低压设备相线之间及相线对地线之间的距离较小，极易引起相线之间及相线对地短路。

3）因氖管亮度较低，应避光测量，以防误判。

4）螺丝刀式试电笔的刀体只能承受很小的转矩，一般不可作螺钉旋具使用。

试电笔使用时，必须按图 12-24 所示的正确方法握笔，以手指触及笔尾的金属体，使氖管观察窗背光朝向自己。

2. 高压验电器

高压验电器又称高压测电器。用高压验电器测试时，必须戴上符合要求的绝缘手套，不可一个人单独测试，身旁必须有人监护；测试时，要防止发生相间或对地短路事故；人体与带电体应保持足够的安全距离，10kV 高压的安全距离为 0.7m 以上。室外使用高压验电器时，必须在天气良好的情况下才能使用。在

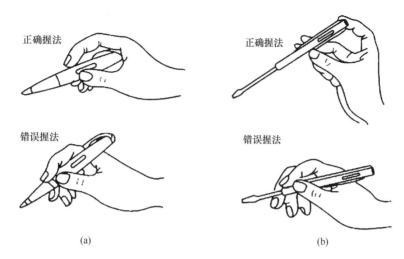

正确握法　　　　　　　　　　正确握法

错误握法　　　　　　　　　　错误握法

（a）　　　　　　　　　　（b）

图 12-24　试电笔的操作
（a）钢笔式握法；（b）螺丝刀式握法

雨、雪、雾及湿度较大的天气中不宜使用，以防发生危险。